国外高校土木工程专业图解教材系列

土木施工

原著
第二版

（适合土木工程专业本科、高职学生使用）

[日] 粟津清藏　主编
浅野繁喜　村尾丰　藤冈宏一郎　山本龙哉　合著
季小莲　译

中国建筑工业出版社

编辑委员会

前　言

本书自上一版出版后已经过了很多年，在这期间，环境保护、建筑废物处理、循环利用等问题成为社会热议的焦点，全球共同应对环境问题已到了刻不容缓的地步。这些年出台了各种与环境相关的法律法规，问题及其关注点也发生了很多变化，因此增加与环境相关的内容，对各章结尾的问题按照新的规范进行修改是很有必要的。

本次修订增加了第 9 章“环境友好型土木施工”、第 10 章“土木施工副产品的再生利用”两章；对每章结尾的问题进行了全面修订，重点是对与计算标准相关的内容进行了重新审视和更新。

自古以来，人类过着群居生活并形成了人类社会。为了创造舒适的生活环境，历代统治者都可说是费尽了心思。明治维新以后，随着欧美文化进入日本，带来了技术上的革新和进步，其中钢与混凝土的使用成为技术革新的最大原动力。

近年来，土木工程界的技术革新日新月异，涌现出各种令人惊叹的施工方法。随着工程施工的机械化、大型化、合理化，以及理论分析水平的精细化，围绕一个个大型工程建设项目进行着大规模的工程建设。

而另一方面，为了防止对自然环境的破坏，治理和保护好环境，实现构筑可循环型社会的目标，又出现了很多新的课题，要求我们开发研究出更复杂的、高难度的技术。

本书是土木施工的入门书，为了便于初学者理解，用图解的形式对土木施工的基础内容进行了简明扼要的讲解。各章结尾《问题》的内容主要选自《二级土木施工管理技师考试》一书。希望所有准备跨入土木世界，以及对土木有兴趣的人们能够充分利用本书，并向“土木工程管理技师”资格发起挑战。

最后对本书修改过程中给予大力协助的欧姆社出版部门的各位，以及无条件同意使用资料的相关人员表示衷心的感谢。

著者

2009 年 11 月

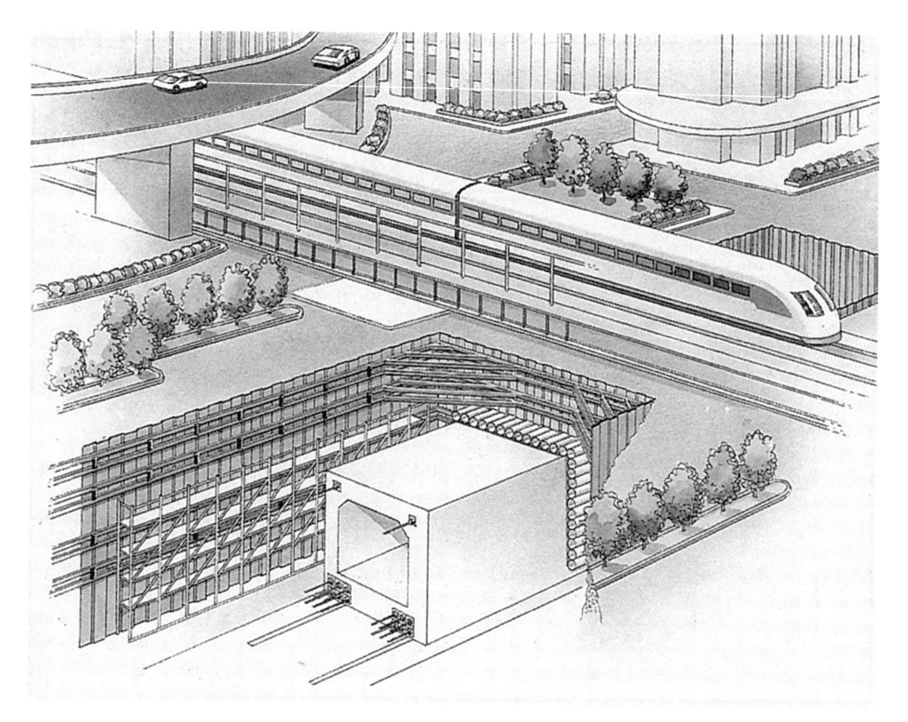

（提供：浅沼组）

目　录

第 1 章　土木材料

第 2 章　土方工程机械与土方工程实施

第 3 章　土木计划、设计

第 4 章 基础工程

第 5 章 混凝土工程

第6章 筑路工程

第7章 隧道工程

第8章 河道工程、港口工程

第 9 章 环境友好型土木施工

第 10 章 土木施工副产品的再生利用

第1章　土木材料

近年科学技术发展迅猛，土木技术领域的发展同样取得了很大的进步。在越来越先进的土木技术中，土木材料的技术发展作出了重大贡献。

土木材料种类繁多，有**木材**、**石材**、**黏土**、**土**等**天然材料**，也有**金属材料**、**沥青材料**、**水泥**和**高分子材料**等**人工材料**。充分认识各种材料的特点，在建筑物的设计、施工中，努力做到**因地制宜**、**合理选材**是非常重要的。

施工中的材料堆场

1 弹性、塑性和材料标准

松开用手摁住的球，球会恢复原状，而黏土则不会

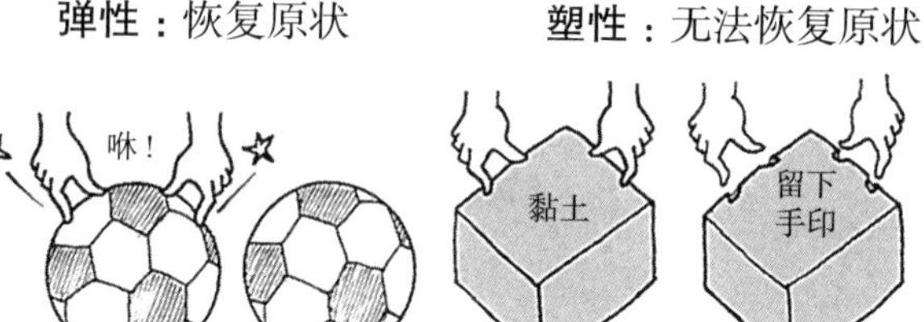

（1）材料在施加外力后会变形，当除去外力后能够恢复原状的物理特性一般称为**弹性**，此时的变形称为**弹性变形**，具有这种性质的物体称为弹性体。

（2）在比例极限内，应力与应变成正比。即弹性材料的**应力**与**应变**的比为定值，这种特点称为**虎克定律**。

（3）物体在**外力**（拉力、压力）作用下，构件内部的任意截面上会产生与外力平衡的反向力，相对于外力，将这种力称为**应力**。

（4）**结构用钢材**，在小变形范围内（弹性极限内），可认为是**弹性体**材料。

（5）结构用钢材的**应力－应变曲线**，如**图 1.1** 所示。

① O → P：应力与应变沿直线变化。

② P → E：慢慢变弯，如果在 E 点卸荷，材料将恢复原状，没有残余变形。

③ E 点之后：应变快速增加，卸荷后，材料无法恢复原状，出现残余变形。

（1）材料在施加外力后会变形，当除去外力后不能恢复原状的物理特性一般称为**塑性**，此时的变形称为**塑性变形**，具有这种

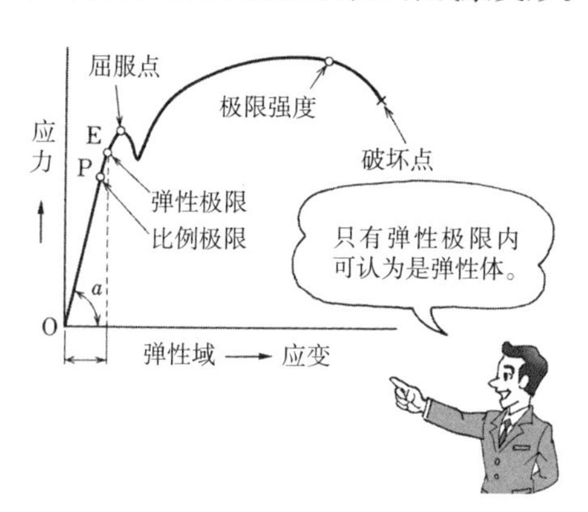

图 1.1 结构用钢材的应力－应变曲线

性质的物体称为**塑性体**。

（2）混凝土为**塑性体**。混凝土的应力－应变曲线如**图 1.2** 所示，图 1.2 中曲线无直线变化段。

（3）OE 段被认为是混凝土可以安全使用的区域，该区域内应力和应变近似直线变化，可认为混凝土在该范围内为弹性体，并由此确定弹性模量。

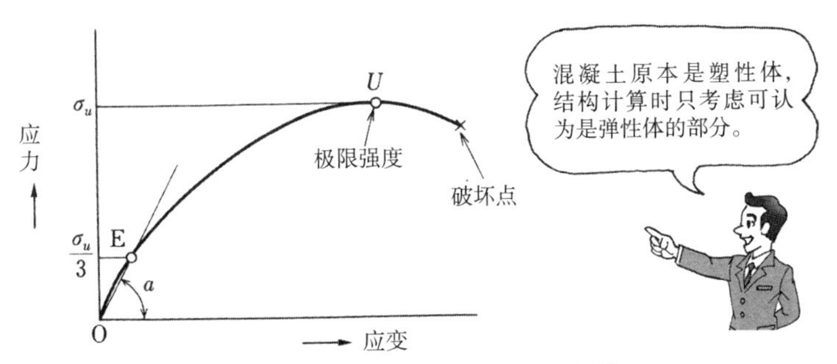

图 1.2　混凝土的应力－应变曲线

从弹性到塑性

很多材料同时具有**弹性**和**塑性**两种性质，应力在一定区域内（结构钢材在弹性极限范围内）表现为弹性，超过该区域逐渐转变为塑性。

材 料 标 准

（1）结构用材料种类很多，为了方便生产者和使用者，对**材料性质、形状、尺寸、使用方法、试验方法**等制定了统一的规范和标准。

（2）1949 年在**工业标准化法**的基础上，为了统一工业产品标准、改善产品质量、提高生产效率，制定了**日本工业标准（JIS）**。

（3）为工业标准化立法的目的：①提高生产效率，②降低生产成本，③提高产品质量，④节约资源，⑤实现公平交易，⑥促进合理化消费等。

（4）除 JIS 之外，还有**日本农业标准（JAS）**、**日本水道协会标准**等。

目前，随着国际化进程的加速，可以预测，未来 JIS 标准会向国际标准统一的方向发展。

2 在限度范围内，弹簧拉长后一定能恢复原长

弹性模量（杨氏模量）

弹 性 模 量

（1）弹性材料在比例极限范围内，**应力**与**应变**成正比，这种性质叫作**虎克定律**。

（2）**图 1.3** 中，面积 A、长度 l 的材料受外力 P 作用时，长度 l 伸长 Δl 时，应力用 $\sigma=P/A$，应变用 $\varepsilon=\Delta l/l$ 表示。根据虎克定律，应力与应变成正比。比例常数用 E 表示，其计算公式如下：

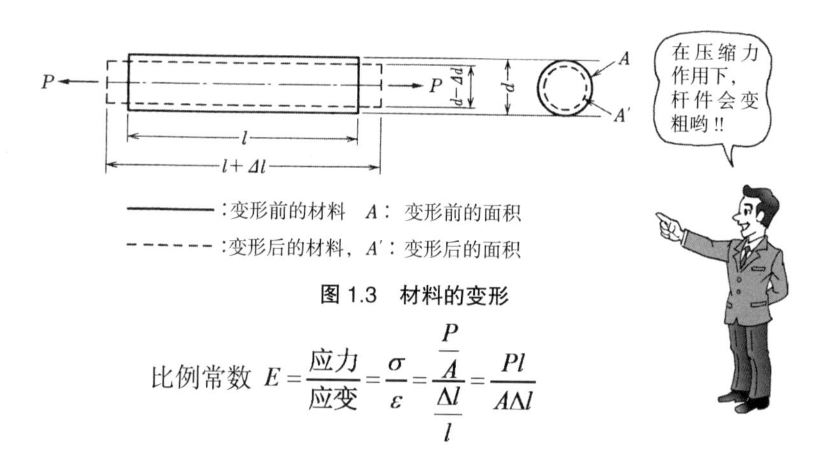

图 1.3 材料的变形

$$\text{比例常数 } E=\frac{\text{应力}}{\text{应变}}=\frac{\sigma}{\varepsilon}=\frac{\frac{P}{A}}{\frac{\Delta l}{l}}=\frac{Pl}{A\Delta l}$$

此时的常数 E 叫作弹性模量（杨式模量）。

（3）材料在外力作用下，除了在应力方向上产生应变外，在与其垂直方向上也会产生应变。此时，假定应力方向上的应变（纵向应变）为 ε，与其垂直方向的应变（横向应变）为 β，则两者的比值 ν 可用下式表示：

$$\nu=\frac{\beta}{\varepsilon}=\frac{1}{m}\text{（横向应变 }\beta=\Delta d/d\text{）}$$

这里，$1/m$ 叫作泊松比，m 叫作泊松倒数。

（4）在固定荷载作用下，应变随着时间变化增加的现象叫作徐变。由徐变引起的材料破坏现象叫作徐变破坏。

（5）《道路桥示方书》（日本道路协会编）对设计计算用材料的弹性模量和泊松比的取值作了如下规定：

材料的弹性模量和泊松比　表 1.1

材料	弹性模量（N/mm^2）	泊松比
钢、铸钢	2.06×10^5	0.30
铸铁	9.8×10^5	0.25
混凝土	2.55×10^4 ~ 3.92×10^4	1/6

注）修正为 SI 单位。

例题 1　弹性模量 E

如图 1.3 所示，直径 d=22mm、长度 l=3m 的钢棒，在 P=50kN 的外力作用下，伸长了 0.189cm。此时纵向应变 ε 与弹性模量 E 分别是多少？

（解） 纵向应变　$\varepsilon=\dfrac{\Delta l}{l}=\dfrac{0.189\text{ cm}}{300\text{ cm}}=0.000\,63$

应力　$\sigma=\dfrac{P}{A}=\dfrac{50000}{\dfrac{3.14\times22^2}{4}}\approx132(\text{N/mm}^2)$

弹性模量 $E=\dfrac{\sigma}{\varepsilon}=\dfrac{132}{0.000\,63}\approx209500(\text{N/mm}^2)\approx2.1\times10^5(\text{N/mm}^2)$

例题 2　泊松比 ν、泊松倒数 m

例题 1 中，钢棒的断面直径缩小 0.0046mm 时，求该钢棒的泊松比及泊松倒数。

（解） 横向应变　$\beta=\dfrac{\Delta d}{d}\approx\dfrac{0.0046(\text{mm})}{22(\text{mm})}\approx0.00021$

泊松比　$\dfrac{1}{m}=\dfrac{横向应变}{纵向应变}\approx\dfrac{\beta}{\varepsilon}\approx\dfrac{0.00021}{0.00063}\approx\dfrac{1}{3}$

泊松倒数　$m=\dfrac{纵向应变}{横向应变}\approx\dfrac{\varepsilon}{\beta}\approx\dfrac{0.00063}{0.00021}\approx3$

3 这座桥由木材和石材组成

木材和石材

在古代，木材被作为建筑材料大量使用，而近代由于新兴的具有优良性能的材料大量涌现，使用范围显著减少。

（1）木材的性质　①木材具有易于加工、与密度相比强度高、热传导率和声传导率小、外表轻巧美观的特点。

②也有易燃烧、易腐蚀、非匀质、尺寸受限的缺点。

③一般采用在大气中自然风干的风干木材。

④**木材的密度**是指在一定的大气条件状态下，达到平衡含水率时，木材单位体积的质量（**风干密度**）。通常情况下木材的密度越大强度越高。

（2）木材的强度　①木材的强度一般根据树种、受力方向、是否有木瘤等取不同的数值。

②通常情况下，木材纤维方向的抗拉强度大于抗压强度。

主要木材的密度和标准强度，如**表 1.2** 所示。

（3）木材的标准　木材的标准，除了有与原木相关的日本农林标准和木制品标准外，还有与叠合材料、原木桩、枕木、胶合板等相关的标准。

木材的密度和标准强度　　**表 1.2**

树种	风干质量（含水量 15%）	抗压强度（N/mm^2）	抗拉强度（N/mm^2）	抗弯强度（N/mm^2）	抗剪强度（N/mm^2）
杉树	0.38	25.5 ~ 40.7	50.5 ~ 73.5	29.4 ~ 73.5	3.9 ~ 8.3
扁柏	0.41	29.4 ~ 39.2	83.3 ~ 147.0	50.0 ~ 83.3	5.9 ~ 11.3
赤松	0.53	36.3 ~ 51.9	82.3 ~ 182.3	35.3 ~ 115.6	4.9 ~ 11.8
美国黄松	0.55	42.1	102.9	70.6	7.2

注）修正为 SI 单位。

（彰国社出版《建筑学体系》）
（摘自土木学会编《土木工学手册》）

石　　材

石材作为结构和装饰用材料，在古代建筑工程中广泛应用。

随着混凝土技术的快速发展，石材的使用逐渐减少，现在多用作装饰材料、堆石和混凝土中的骨料。

（1）石材的性质　①表示石材性质的指标有密度、抗压强度、耐久性、耐热性等。

②石材的种类很多，用于结构的有基础工程中的碎石，用于外装修的有花岗岩，用于室内装修的有大理石。

③石材的密度一般用表观密度表示。石材的单位体积质量用质量与体积的比值（g/cm^3，t/m^3）表示。

（2）石材的强度　①石材的抗压强度、密度、孔隙率及吸水率之间具有相关性。

②密度越大孔隙率和吸水率越小，即单位质量越大压强越大。

主要岩石的密度和强度，如**表 1.3** 所示。

岩石的密度和强度等　　　　**表 1.3**

岩石种类	密度	抗压强度（N/mm^2）	抗拉强度（N/mm^2）	吸水率（%）	孔隙率（%）
花岗岩	2.5 ~ 3.0	61.8 ~ 297.9	2.4 ~ 9.2	0.2 ~ 1.7	-
砂岩	2.05 ~ 2.67	26.1 ~ 233.2	2.5 ~ 2.8	0.7 ~ 13.8	1.6 ~ 26.4
石灰岩	2.40 ~ 2.81	52.2 ~ 185.0	3.4	0.1 ~ 3.4	-
大理石	2.58 ~ 2.74	92.1 ~ 226.9	3.7 ~ 10.5	0.1 ~ 2.5	0.3 ~ 2.0

注）修正为 SI 单位。　　　　（摘自土木学会编《土木工学手册》）

比较一下海绵和木片，就能理解什么是强度和吸水率了。

例题 3　土木工程设计图

在土木工程设计图中，以下哪个组合是错误的？

（1）ϕ12@300———直径 12mm 的钢筋，按 300mm 间距布置

（2）———石材

（3）5×200=1000——全长 1000mm，以 200mm 为间距 5 等分

（4）———基岩

（解）（4）

：该符号代表土。

：该符号代表基岩。

钢铁材料

4 铁经加工后可形成各种钢材

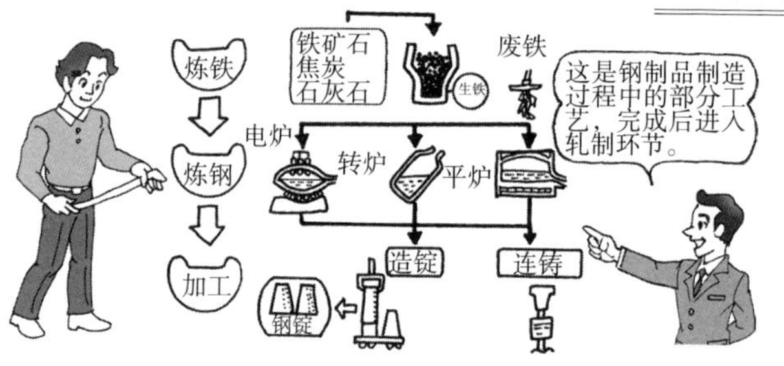

钢　材

（1）**钢材**具有延性、韧性和优良的加工性能，强度和弹性模量大，可作为匀质材料使用，是钢结构中不可缺少的重要材料。

（2）钢材中加入不同元素，其性质会发生各种变化。添加的主要元素有**碳、硅、锰、磷**等。

（3）随碳含量的多少发生性质变化的钢材被称为**碳素钢**。含碳量增加，抗拉强度和硬度增加，伸长率减小。

碳素钢分类　　表1.4

名称	含碳量（%）	抗拉强度（N/mm^2）	伸长率（%）	用途
超软钢	0.08 ~ 0.12	353 ~ 412	30 ~ 40	钢丝、铆钉材料
软钢	0.12 ~ 0.20	372 ~ 470	24 ~ 36	铆钉、桥梁材料、钢构件、钢筋
半软钢	0.20 ~ 0.30	431 ~ 539	20 ~ 32	桥梁材料、建筑材料
半硬钢	0.30 ~ 0.40	490 ~ 588	17 ~ 30	建筑材料
硬钢	0.40 ~ 0.50	568 ~ 686	14 ~ 26	用于制作轴和工具
超硬钢	0.50 ~ 1.60	637 ~ 980	11 ~ 20	用于制作工具

注）修正为SI单位。　　（摘自土木学会编《土木工学手册》）

碳素钢种类很多，用于不同的用途。

钢的热处理

根据用途，对钢材进行适当的重复加热、冷却，可以得到不同性质的钢材。这种处理方法叫作热处理。针对不同的用途，选择不同的热处理方法。

正火：将钢材加热至高温后，在空气中缓慢冷却（增加钢材组织的匀质性和韧性）。

退火：将钢材加热至高温后，在炉中缓慢冷却（增加钢材组织的匀质性和消除内应力）。

淬火:将钢材加热至高温后,在水中或油中快速冷却(增加硬度和强度)。

回火:将淬火后的钢再加热,在空气中自然冷却(减少硬度增加韧性)。

合 金 钢

合金钢(强韧性钢)是指通过增加钢中硅、锰含量,改善材料性质,提高结构用碳素钢机械性能的优质钢材。

结构用合金钢是制造 PC 钢丝、PC 钢棒以及桥梁用钢中非常重要的材料,主要有以下品种:

(1)**镍镉钢**:比较便宜,易于机械切削,用于甲板、桥梁等。

(2)**锰钢**:**低锰钢**具有优良的机械性能,用于桥梁和造船业;**高锰钢**耐磨损性强,用于制造特殊的交叉铁轨(菱形交叉)、挖泥船的铲斗以及销轴等。

(3)**镍镉钼钢**:在结构用镍镉钢中掺入 0.3% 左右的钼元素,通过调节回火温度增加抗拉强度;这种钢材主要用于制造大型配件等。

钢制品的生产方法

(1)从铁矿石到钢产品的制造过程大致分为**制铁、制钢、加工**三个阶段。土木建筑中常用的钢材产品,基本上都是**轧制钢**。

(2)轧制钢材用于制造各种截面形状的钢产品,主要是利用了钢的延性、韧性及加热可塑性。

(3)用扁钢加工成一定截面形状(角钢、槽钢、H 型钢、工字钢、轨道等)的钢制产品称为型钢。

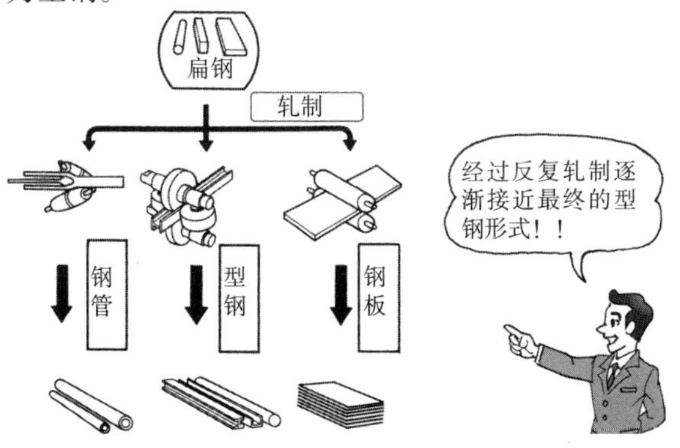

图 1.4 钢制品的生产方法

5 我们身边有很多钢铁制品

钢铁制品

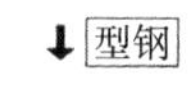

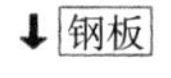

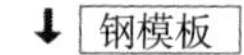

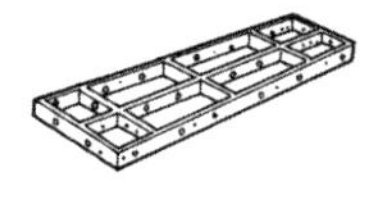

钢产品的用途及标准　钢材具有良好的**延性**和**韧性**、加工性能好，强度和弹性模量大，是土木结构和工程中不可缺少的重要材料。钢铁产品由JIS给出统一的标准。

钢板　钢板是通过热轧加工得到的钢材，在JIS中对其形状、尺寸、质量等进行了规定。钢板用于钢结构、桥梁等钢结构建筑物。

看标记可以明白钢的强度和性质。

（1）**一般结构用轧制钢材**：多用于钢构筑物和工程建设，其标记为 SS 400。

S：Steel（钢）

S：Structural（构筑物）

400：最低抗拉强度（N/mm^2）

（2）**焊接结构用轧制钢材**：焊接结构用轧制钢材主要是焊接性能好，其标记为 SM 400。

结构用轧制钢材的机械性能　　**表1.5**

类别	钢号	符号	抗拉强度（N/mm^2）	屈服点（N/mm^2）	伸长率（%）
一般结构用轧制钢	1号	SS330	330 ~ 430	175 ~ 205以上	21 ~ 30以上
	2号	SS400	400 ~ 510	215 ~ 245以上	17 ~ 24以上
	3号	SS490	490 ~ 610	255 ~ 285以上	15 ~ 21以上
	4号	SS540	540以上	390 ~ 400以上	13 ~ 17以上
焊接结构用轧制钢	1号	SM400	400 ~ 510	195 ~ 245以上	18 ~ 24以上
	2号	SM490	490 ~ 610	275 ~ 325以上	17 ~ 23以上
	3号	SM490Y	490 ~ 610	325 ~ 365以上	15 ~ 21以上
	4号	SM520	520 ~ 640	325 ~ 365以上	15 ~ 21以上
	5号	SM570	570 ~ 720	420 ~ 460以上	19 ~ 26以上

（摘自JIS）

注）SS400符号的意义：S代表Steel，S代表Structural，400代表最低抗拉强度。
　　SM490符号的意义：S代表Steel，M代表Marine，490代表最低抗拉强度。

型　钢

型钢是指通过轧制得到的特殊形状的钢材。常用的有**等边角钢、不等边角钢、槽钢、H 型钢、工字钢等**。主要型钢的种类及其截面尺寸，如图 1.5 所示。

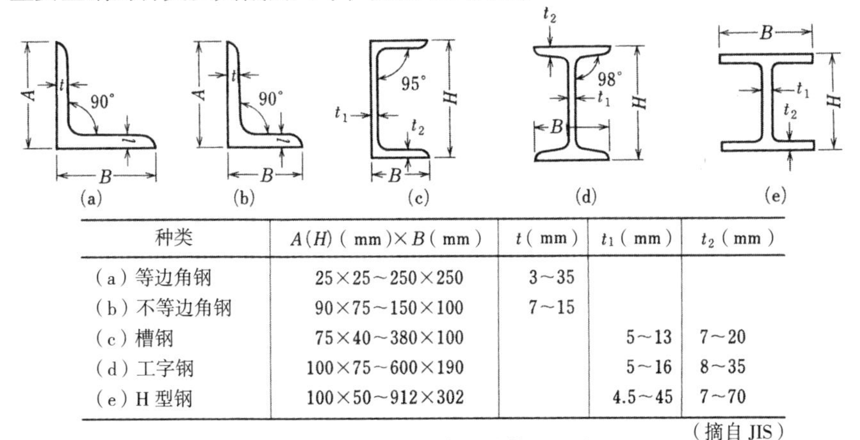

种类	$A(H)$（mm）×B（mm）	t（mm）	t_1（mm）	t_2（mm）
（a）等边角钢	25×25～250×250	3～35		
（b）不等边角钢	90×75～150×100	7～15		
（c）槽钢	75×40～380×100		5～13	7～20
（d）工字钢	100×75～600×190		5～16	8～35
（e）H 型钢	100×50～912×302		4.5～45	7～70

（摘自 JIS）

图 1.5　型钢的种类及其截面尺寸

钢　筋

（1）**钢筋**主要用于钢筋混凝土中，有如图 1.6 所示带**凸起（纵肋和横肋）**的带肋钢筋和光面钢筋。

（2）预应力混凝土中使用的 PC 钢棒，其强度远远高于钢筋的强度。

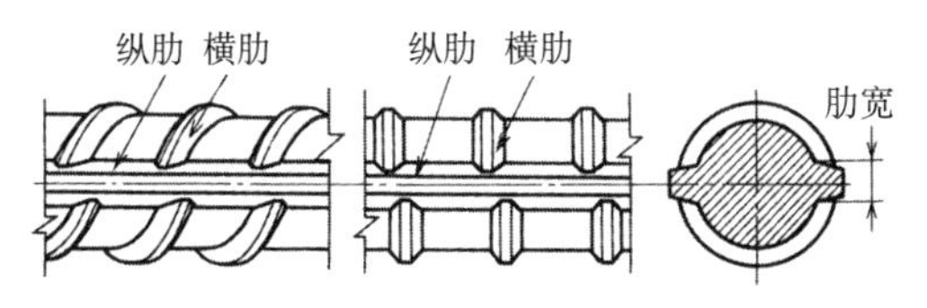

图 1.6　带肋钢筋示例

钢　板　桩

钢板桩是将图 1.7 所示各种截面形状的型钢相互组合后，打入土层中形成的挡墙，在**挡土、止水和临时工程**中广泛应用。

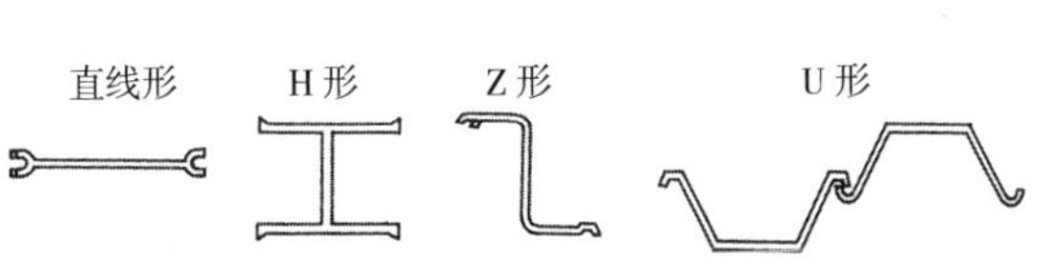

图 1.7　各种钢板桩截面

6　高分子材料

没有合成树脂产品，现在的社会就无法成立!!

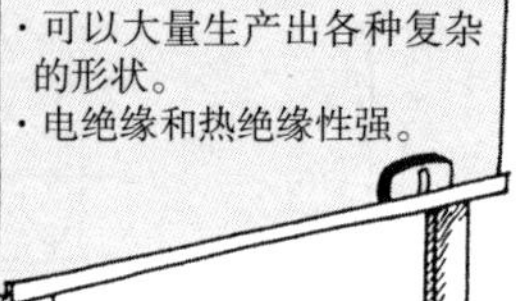

高分子材料

（1）**高分子材料**是分子量非常高的高分子化合物，用于工业材料。土木材料领域主要使用**合成树脂（塑料制品）**。

（2）合成树脂的密度为0.90 ~ 2.20，品种不同密度有所差别，但整体上质量轻、强度大。

（3）在建设领域，合成树脂作为新型结构材料得到广泛应用。

合成树脂的特性及主要用途　　表1.6

名称	特性	主要用途
氯乙烯树脂	强韧、电绝缘性、耐水性等	管材、板材、止水板、薄膜等
聚乙烯树脂	无色透明、电绝缘性、耐水性等	板膜、嵌缝材等
丙烯酸树脂	透明、柔软、密实性等	管材、板材、防水剂等
甲基丙烯酸树脂	透明、强韧等	板等
酚醛树脂	强韧、耐水性、耐热性等	胶黏剂、涂料、安全帽等
尿素树脂	无色、耐酸性、耐水性等	胶黏剂、涂料等
三聚氰胺树脂	硬度大、耐水性等	涂料等
环氧树脂	强韧、耐药性等	胶黏剂、涂料、绝缘材料等
硅酸树脂	耐热性、耐寒性等	涂料、防水剂、绝缘材料等

硬质氯乙烯管

（1）**硬质氯乙烯管**使用范围很广，如可用于**输水管、给水管、排水管、电线管、电缆管**等。

（2）氯乙烯管具有优良的耐腐蚀性和耐久性，质量轻、价格低廉，具有可挠性，且易于施工；其缺点为刚度低，受热或在阳光直射下容易发生劣化。

止水板

堤坝接缝处、隧道和涵洞、护壁，以及防潮堤、压力涵洞等，在施工中会采用各种不同形式的**止水板**。

隔水板、防砂膜

（1）**土堤**的**隔水板**，常采用硬质氯乙烯板和软质氯乙烯板等材料。

（2）防砂膜在海岸、河道护岸工程中，常作为防止土砂流失的背衬使用。

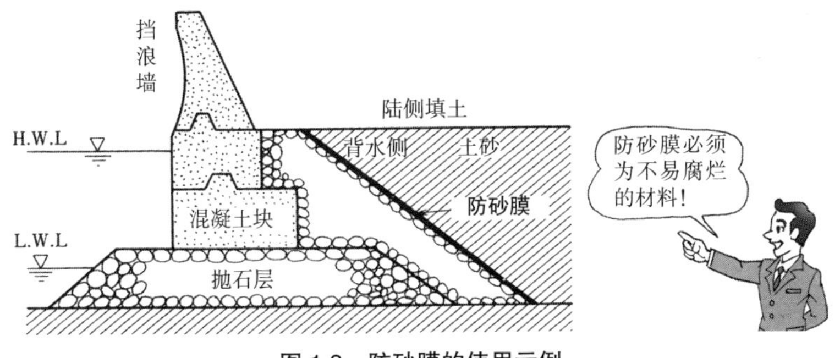

图 1.8 防砂膜的使用示例

防水膜与封堵材料

（1）在地下构筑物的外侧或隧道支撑架与土层之间用**塑料膜（防水膜）**覆盖，以达到止水的目的，或作为防涌水处理措施。

（2）在地铁工程和供水工程中，采用**环氧树脂**填缝材料进行堵漏处理。

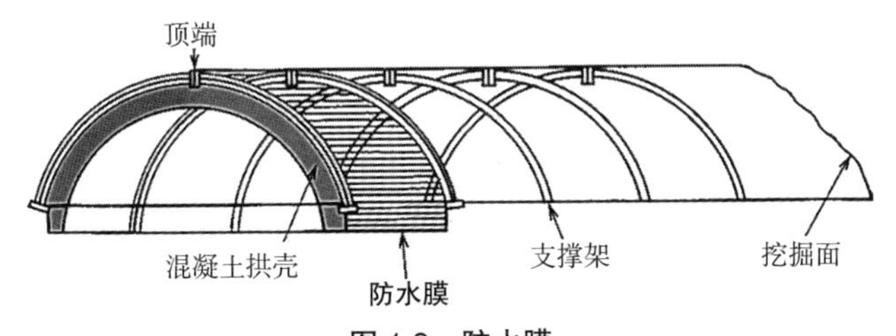

图 1.9 防水膜

桥、道路设施

（1）高架桥的雨水排水管采用**氯乙烯管**。

（2）道路安全设施中，防护、感应、照明、通信设施，隧道内部的特殊设施等设备大量采用**塑料制品**。

第1章　问题

问题1　下列土木工程材料与弹性模量的组合，哪项是错误的？

（1）赤松————7.4×10^{3}N/mm^2

（2）花岗岩————（0.59 ~ 5.9）$\times10^{5}$N/mm^2

（3）混凝土————1.37×10^{4}N/mm^2

（4）结构用钢材——2.06×10^{5}N/mm^2

问题2　下列JIS中规定的“钢材名称”和“钢材符号”组合，哪项是错误的？

钢材名称　　　　　钢材符号

（1）一般结构用轧制钢材———SS490

（2）焊接结构用轧制钢材———SM490A

（3）一般结构用碳素钢管———STK490

（4）钢管桩————————SHK490M

问题3　下列关于钢材力学特性的叙述，哪项是不正确的？

（1）对钢材疲劳影响最大的因素是循环应力的变化幅度和循环次数。

（2）拉伸试验可以得到钢材的应力 – 应变曲线。

（3）屈服是指在应力 – 应变曲线中应变快速增加的现象。

（4）钢材强度越高，对应于最大应力的应变越大。

问题4　下图所示钢材应力 – 应变曲线中，与D点对应的是哪项？

（1）比例极限

（2）弹性极限

（3）抗拉强度

（4）屈服点

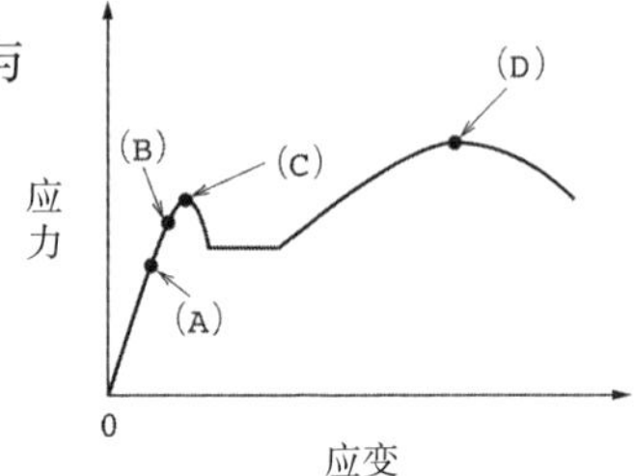

第 2 章　土方工程机械与土方工程实施

造地工程或修建构筑物时，对于多余的土砂或岩石需要进行挖除作业，对于不足部分需要进行堆填作业，将这种施工称作**土方工程**。几乎所有的土木工程都包含土方工程，且土方工程经常占整个工程的一半以上。所以土方工程的机械化、高效化施工在整个土建工程中占有重要意义。

土方工程的对象是自然界中的土砂和岩石，其性状多样，非常复杂。另外，由于土的性质受水的影响很大，施工计划时必须充分考虑土质、地形、气象等各种因素的影响。

（提供：日本铺道）

1 土方工程是以土为对象的工程

土方工程计划

土方工程内容

（1）修建构筑物前首先需要平整场地。在土木工程中，挖土、运土、堆填土作业统称为**土方工程**。

（2）需要挖出的土石称作**挖方**，也叫做**挖土**和**削土**。需要填筑的土石称作**填方**或**筑堤**。

（3）在水中作业时，挖方称作**疏浚**或挖泥，填方称作**造地**。

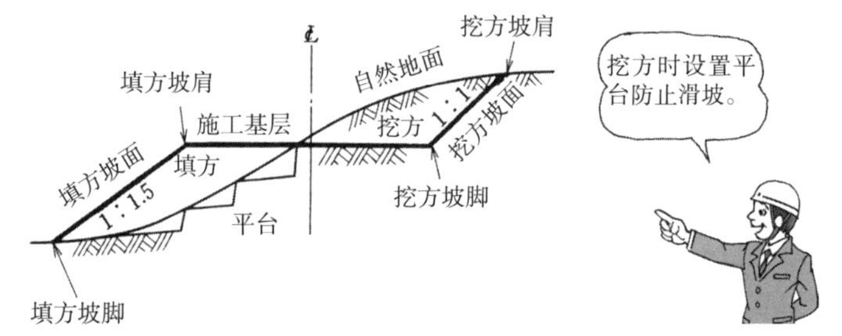

图 2.1 挖方、填方

边 坡 坡 度

边坡的倾斜角用坡度表示。

横向

对应于高度 1 时的水平距离

1：r	比例、坡度
1：0.3	3 分坡度
1：1	1 倍坡度
1：1.5	1.5 倍坡度

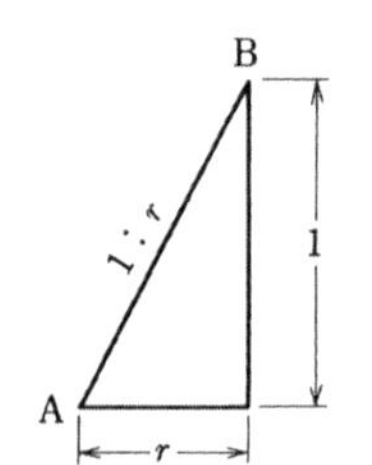

纵向

	高度与水平距离的比值	
道路	$H/L=1/100$	百分之一
铁路	$H/L=1/1000$	千分之一

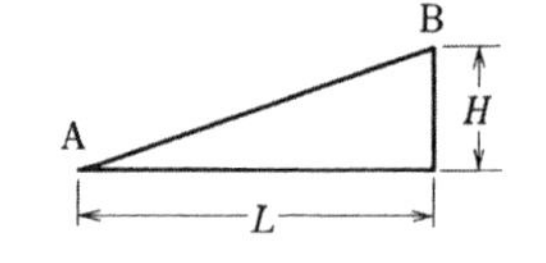

图 2.2 边坡坡度

（1）为了保证挖方和填方边坡土层的稳定性，应根据土质试验和过去的实测记录确定边坡坡度。

（2）为了保证堆土坡面的稳定性，应根据现场的地形、地质、坡面加固方式、施工方法等确定坡度。

填方工程的标准边坡坡度 表 2.1

堆土材料	堆土高度（m）	坡度（比例）
粒度分布好的砂 粒度分布好的砾质土	0 ~ 5	1.5 ~ 1.8
	5 ~ 15	1.8 ~ 2.0
粒度分布差的砂石	0 ~ 10	1.8 ~ 2.0
岩块、卵石	0 ~ 10	1.5 ~ 1.8
	10 ~ 20	1.8 ~ 2.0
砂质土、硬黏质土、硬黏土	0 ~ 5	1.5 ~ 1.8
	5 ~ 10	1.8 ~ 2.0
软黏质土、软黏土	0 ~ 5	1.8 ~ 2.0

（摘自日本道路协会编《道路土工施工指南》）

注）上表适用于基础地基具有足够承载力的情况。

挖方工程的标准边坡坡度 表 2.2

天然地基的土质及地质		挖土高度	坡度（比例）
硬岩			0.3 ~ 0.8
软岩			0.5 ~ 1.2
砂砾			1.5 ~
砂质土	固结土	5m 以下	0.8 ~ 1.0
		5 ~ 10m	1.0 ~ 1.2
	软弱土	5m 以下	1.0 ~ 1.2
		5 ~ 10m	1.2 ~ 1.5
砾石土、混有岩块或砾石的砂质土	固结土或粒度分布好的土	10m 以下	0.8 ~ 1.0
		10 ~ 15m	1.0 ~ 1.2
	非固结土或粒度分布差的土	10m 以下	1.0 ~ 1.2
		10 ~ 15m	1.2 ~ 1.5
黏土、黏质土		10m 以下	0.8 ~ 1.2
岩块或砾石的黏质土、黏土		5m 以下	1.0 ~ 1.2
		5 ~ 10m	1.2 ~ 1.5

（摘自日本道路协会编《道路土工施工指南》）

注）上表适用于有植被等保护措施的情况。

土方工程标尺

一般土方工程中，将挖方、填方的标准断面形状称为**土方工程标尺**，将完成面称为**施工基层**。

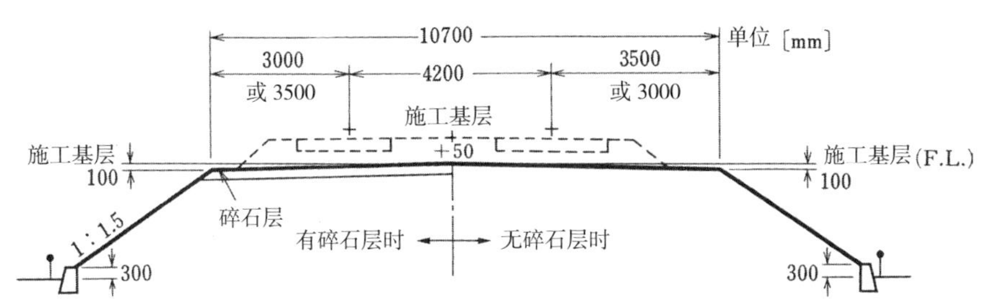

图 2.3 土方工程标尺示例（堆填土时）

2

土方量变化

土方量变化系数是与天然地基土方量的比较

土方量变化

一般情况下，挖出土时土方量增加，压实土时土方量减少。这种体积的变化叫作土方量变化，其变化比值称为**土方量变化系数**。土方量变化系数又分为**松土系数** L **和压实系数** C。

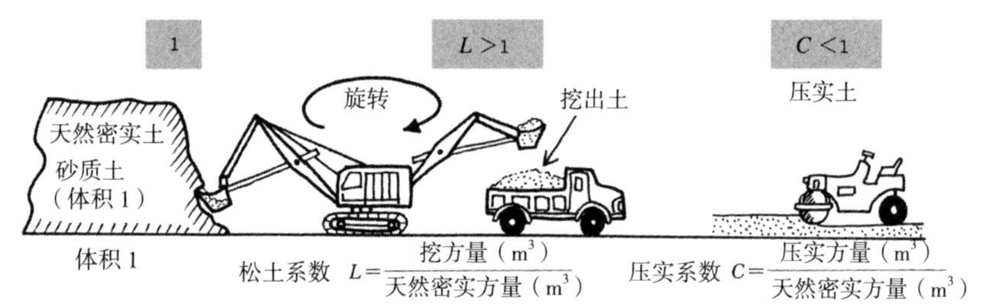

图 2.4　土方量变化

例题 1　挖方量计算

用 1 次可运 $6m^3$ 的自卸式翻斗车运输 $1000m^3$ 的天然密实土，共需要多少辆车？这里假设 L=1.2。

（解 1）挖方量为 $1000\times1.2=1200$（m^3），采用一辆可运输 $6m^3$ 的货车，需要车辆数为 n=1200/6=200（辆）。

（解 2）以天然密实方量为标准，求一辆自卸式翻斗车一次搬运土方量 Qm^3，则：

$$Q=6\times\frac{1}{L}=6\times\frac{1}{1.2}=5(m^3)，需要车辆数\ n=\frac{1000}{5}=200（辆）。$$

这里，$1/L$ 为天然密实方量换算系数，用 f 表示。

例题 2　压实方量计算

欲挖天然密实土 $200m^3$ 用于回填土。采用 $6m^3$ 的自卸式翻斗车 2 辆运输，求需要车辆运输次数 n 及回填土方量 V。此时假设

L=1.2，C=0.9。

（解）每辆自卸式翻斗车一次运输土方量 Q_1：

$$Q_1=f\times6=\frac{1}{1.2}\times6=5\,(\mathrm{m}^3)$$

自卸式翻斗车 2 辆运输土方量 Q：

$$Q=2\times Q_1=2\times5=10\,(\mathrm{m}^3)$$

自卸式翻斗车运输次数：

$$n=\frac{200}{Q}=\frac{200}{10}=20(\text{次})$$

回填压实方量 V：

$$V=C\times200=0.9\times200=180\,(\mathrm{m}^3)$$

土方量变化系数 **表 2.3**

名称		与地基土层的体积比	
		松散土变化率 L	压实土变化率 C
基岩或卵石	硬岩 中硬岩 软岩 岩块、卵石	1.65 ~ 2.00 1.50 ~ 1.70 1.30 ~ 1.70 1.10 ~ 1.20	1.30 ~ 1.50 1.20 ~ 1.40 1.00 ~ 1.30 0.95 ~ 1.05
含砾石土	砾石 砾质土 固结砾质土	1.10 ~ 1.20 1.10 ~ 1.30 1.25 ~ 1.45	0.85 ~ 1.05 0.85 ~ 1.00 1.10 ~ 1.30
砂	砂 含岩块或卵石的砂	1.10 ~ 1.20 1.15 ~ 1.20	0.85 ~ 0.95 0.90 ~ 1.00
普通土	砂质土 含岩块或卵石的砂质土	1.20 ~ 1.30 1.40 ~ 1.45	0.85 ~ 0.95 0.90 ~ 1.00
黏性土等	黏土 含砾石的黏土 含岩块或卵石的黏土	1.20 ~ 1.45 1.30 ~ 1.40 1.40 ~ 1.45	0.85 ~ 0.95 0.90 ~ 1.00 0.90 ~ 1.00

（摘自日本道路协会编《道路土工施工指南》）

土方量换算系数 f **表 2.4**

计算土方 Q 时土的状态 ＼ 换算成标准土时	天然密实土	挖出土	压实土
天然密实土	1	L	C
挖出土	$1/L$	1	C/L
压实土	$1/C$	L/C	1

注）表中 L 和 C 的取值，如表 2.3 所示。

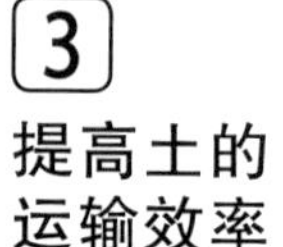

3 提高土的运输效率

土方累积图

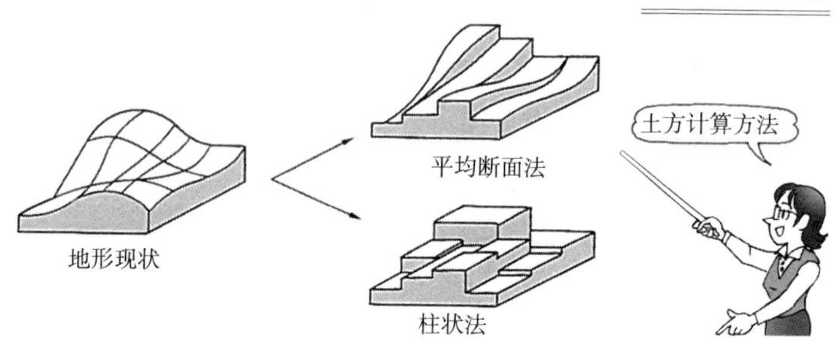

土方累积图

土方工程计划中，将挖方、填方、弃方（弃土）等土方分配称为**土方调配**。进行土方调配和确定用于土方工程的施工设备数量时，一般采用**土方累积图**。

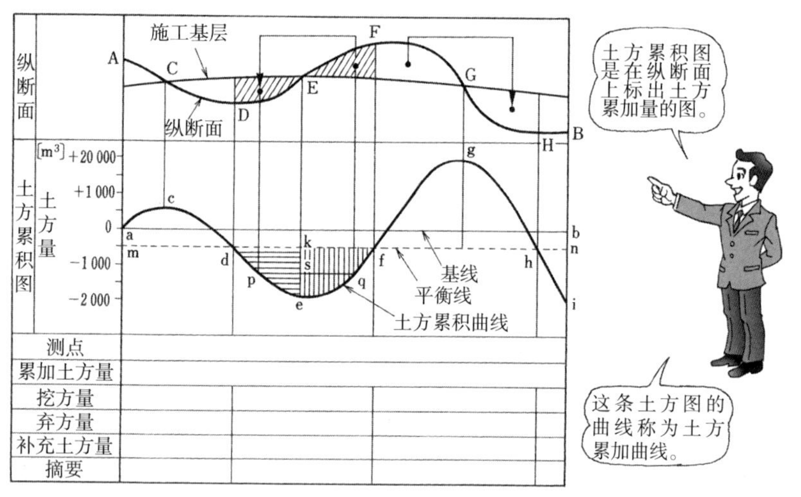

图 2.5 土方累积图示例

土方累积图形式

（1）填土土方图（对挖方量进行修正后得到填方量）

修正土方量 =（挖方量）× C

挖方土质多于 2 种时，使用便利。

> C 是指压实系数！

（2）挖土土方图（对填方量进行修正后得到挖方量）

$$修正土方量=（填方量）\times \frac{1}{C}$$

挖方土质只有 1 种时，使用便利。

土方累积曲线的性质

（1）土方累积曲线上的最大值 *c* 和最小值 *e* 表示挖方、填方的边界。曲线上升表示挖土，曲线下降表示填土。

（2）平衡线（与基准线平行的任意线）df 之间的挖方量和填方量相同。另外 df 之间的距离表示挖方和填方的相互搬运距离。

（3）平衡线到曲线顶峰和谷底之间的高度，表示从挖方到填方所搬运的土方总量。比如 df 之间搬运土方总量为 ek。

土方工程施工机械选择

确定**土方调配**或确定完成之后，应根据运输距离、运输土方量、土质条件、地形等，参考土方累积图，选择经济性好的**土方工程施工机械**。

由土方累积图计算每台土方工程机械的**运输土方量**和**运输距离**，具体方法如图 2.6 所示。

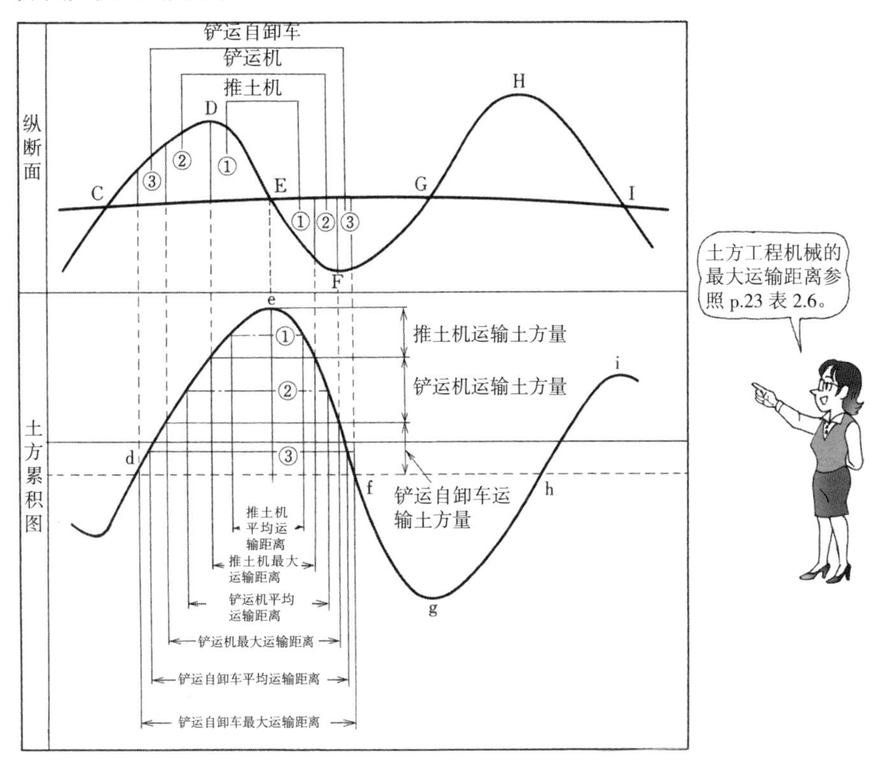

图 2.6 根据施工机械的最大运输距离进行土方工程设计

4

土方工程施工机械

应根据作业内容选用合适的土方工程机械设备

土方工程施工机械

土方工程分为**挖土、装车卸车、运输、压实**4道工序。在进行工程施工时，选择土方工程设备应考虑现场条件和经济性能，还应保证施工安全，尽量减少工程中的噪声、振动等引起的公害。

表2.5列出了根据土方工程作业内容可选择的土方工程施工机械。

各分项工程使用机械　　**表2.5**

作业内容	机械设备名称
清障	推土机、耙式推土机
挖掘	铲式挖掘机（正铲、反铲、拉铲、抓铲）、拖式铲土机、推土机、松土机
装卸	铲式挖掘机、拖式铲土机
挖掘，装卸	铲式挖掘机、拖式铲土机
挖掘、运输	推土机、铲运推土机、铲运机、拖式铲土机
运输	推土机、自卸式翻斗车、皮带运输机、架空索道
平整	推土机、自动平地机、撒布机
调节含水量	稳定土拌和机、自动平地机、洒水车
压实	压路机、轮胎压路机、羊角碾压路机、振动压路机、振动压实机、冲击式夯实机、打夯机、推土机
平整场地	推土机、自动平地机
挖沟	挖沟机、反铲挖掘机

土方工程机械的组合应用

（1）土方施工时，可以根据作业内容选择几种类型的土方工程机械进行组合，连续施工。

（2）生产效率由组合机械中，最小生产效率的设备决定。**图2.7**给出了设备组合的一个实例。

（3）**表2.6**列出了根据运输距离可选择的土方工程施工机械。

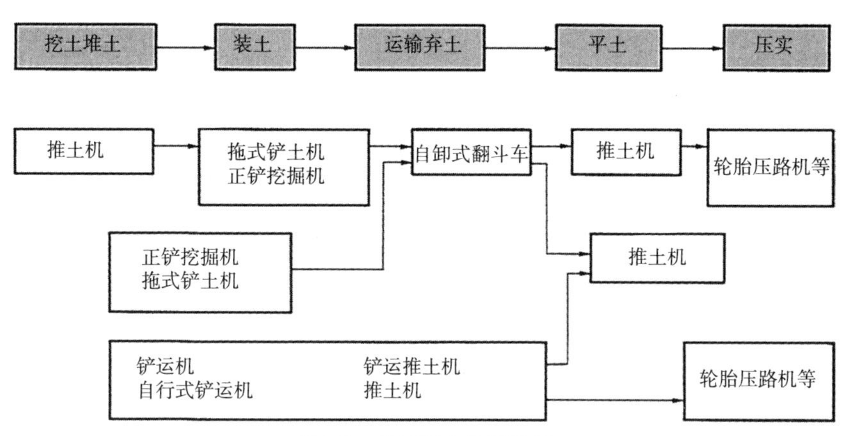

图 2.7 机械组合施工示例

机械设备及其适用的运输距离 表 2.6

	距离（m）	运输设备的种类
短距离	60m	推土机
中距离	40 ~ 250m	铲运推土机
	60 ~ 400m	拖式铲运机
长距离	200 ~ 1200m	自行式铲运机
	100m 以上	铲式挖掘机 拖式铲土机 } + 自卸式翻斗车

圆 锥 指 数

（1）机械设备在软弱土层上的**通行能力**用**圆锥指数**表示。

（2）土木工程机械运行的最小圆锥指数，对湿地推土机应为 3 以上，对自卸式翻斗车应为 12 以上。

土木工程机械的最小圆锥指数 表 2.7

土木工程机械	圆锥指数（kN/m^2）
湿地型推土机	300 以上
推土机（中型）	500 以上
铲运推土机	600 以上
拖式铲运机	700 以上
自行式铲运机	1000 以上
自卸式翻斗车	1200 以上

5 推土机与铲运机的种类和用途

挖掘运输设备

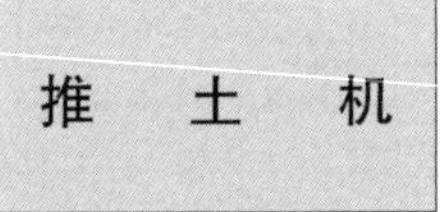

（1）**推土机**是一种在牵引车前装备了铲刀的设备，用于挖土推土、运土等作业。

（2）轮子的行走装置可分为**履带式**和**轮胎式**。

（3）推土机的种类如图 2.8 所示。各种推土机根据推土铲刀的形式命名，适用于不同用途。

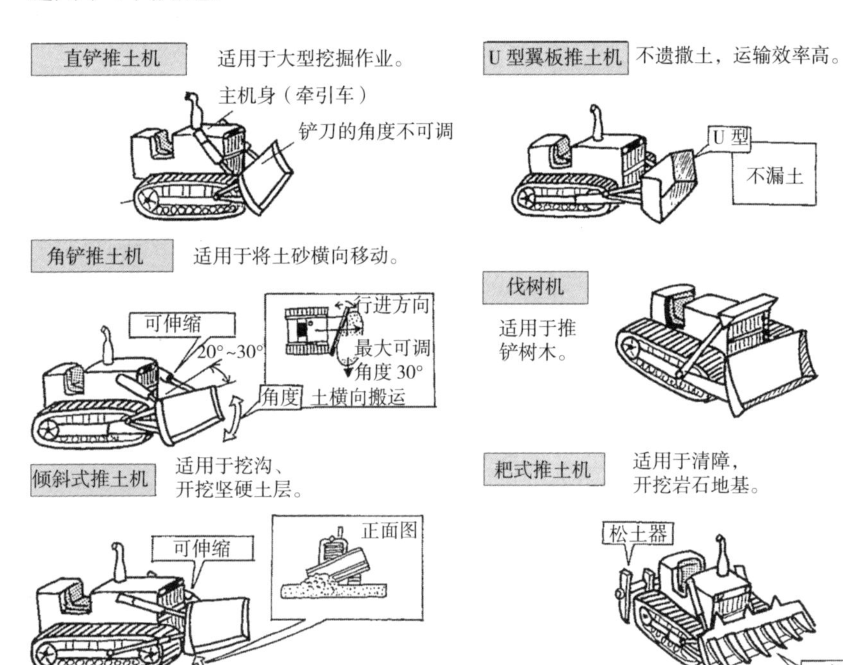

图 2.8　推土机的种类

铲　运　机

（1）**铲运机**是可以综合完成挖土、装土、中距离运土、平土的多功能设备。

（2）铲运机分自行式**电动铲运机**和**拖式铲运机**。

（3）运土距离在 200 ~ 1200m 范围内，能以较高速度运输大量土砂。

（4）**铲运作业**下坡时的生产效率高。在硬土层上进行铲运作业时，先进行松土作业（破碎土层）。

（5）**铲运推土机**是由铲运机和推土机组合而成的设备，可以自由的前进和后退，适用于较软土质、运土距离 500m 以下的土方施工。

图 2.9　自行式铲运机

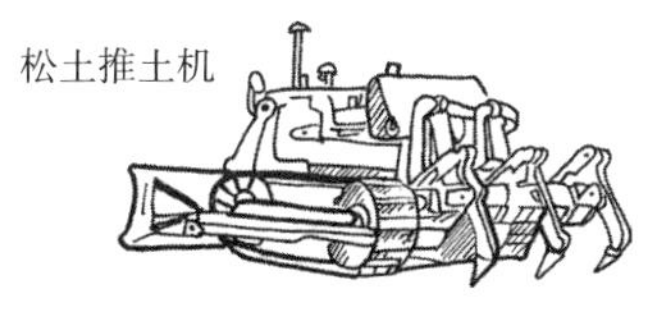

图 2.10　松土推土机和铲运推土机

例题 3　各种推土机的问题

以下对各类型推土机的叙述中，哪项是错误的？

（1）铲运推土机上装备的推土铲刀与前进方向垂直，适合于沿直线方向的挖土推土作业。推土机铲刀的旋转角度约为 30°。

（2）倾斜式推土机的铲刀端可以向下移动 10 ~ 40cm，适合于挖沟作业。

（3）角铲推土机在运行方向上铲刀可以左右旋转 30°，适合于斜面土层的平地挖土施工。

（4）铲运推土机常用于松土作业，可以运土、平土，适合砂质土施工。

（答案）（4）铲运推土机适合在粉质黏土、黏土层等软弱土或多起伏的坡地上施工。

6 铲式挖掘设备

挖掘作业最适合使用铲式挖掘设备

铲式挖掘机

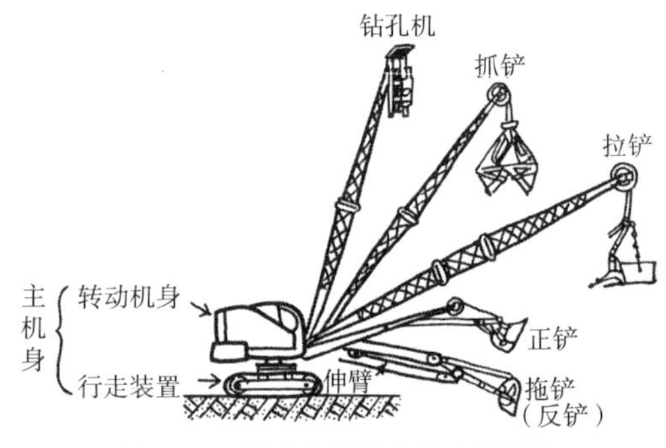

图 2.11 铲式挖掘机主机身和配件

（1）是指在行走装置上设置了转动机身，并在**伸臂端**安装了各种**配件**的施工设备。

（2）当挖土场地高于停机面时采用**正铲挖掘机**，低于停机面时采用**拖铲挖掘机**（反铲挖掘机），水中挖掘时采用**拉铲挖掘机**或**抓铲挖掘机**。钻孔机用于现场灌注桩的钻孔作业。

反铲挖掘机和抓铲挖掘机 表 2.8

		铲斗几何容量（m^3：平斗）	输出功率（PS）	质量（t）
反铲挖掘机	限制尾气排放型履带型	0.35	82	11.8
		0.4	87	12.1
		0.6	141	19.8
		1.0	223	30.7
抓铲挖掘机	液压型履带型	0.4	141	21.4
		0.6	116	19.1

天然地基土方开挖工法

对于不同的土质、运输距离、坡度等各种现场情况，开挖天然地基土有很多种方法。采用机械施工的方法主要有以下 3 种。

（1）**台阶式工法**：一般用正铲挖掘机或反铲挖掘机进行台阶式开挖，用自卸式翻斗车运输，适合大型土方工程。

（2）**下坡式工法**：采用推土机、铲运推土机或铲运机等，利用向下坡度挖土运土。适用坡度为 25° ~ 30° 。

（3）**台阶下坡混用工法**：根据现场条件，同时采用台阶式和下坡式进行挖土运土施工的工法。当土质为岩石地基时，应采用**爆破工法**或**耙土工法**。

图 2.12 挖掘工法

例题 4 挖土运土作业

以下关于挖土运土作业的叙述中，哪项是**正确**的？

（1）拉铲挖掘机主要用于挖掘高于停机面的土方，适合坡面的削平平整作业。

（2）反铲挖掘机主要用于挖掘低于停机面的土方，可用于水深较浅的水中挖掘作业。

（3）推土机多用于挖土推土作业，运土距离 120m 时可提高生产效率。

（4）铲运推土机常用于松土作业，可以运土、平土，适合砂质土施工。

（答案）（2）对反铲挖掘机的叙述是正确的。

例题 5 土方施工设备种类与施工机械

下列土方施工中，“运输设备种类”和“适用运输距离”的组合，哪项是**不正确**的？

运输设备种类	适用运输距离
（1）自行式铲运机	800m
（2）反铲挖掘机 + 自卸式翻斗车	500m
（3）铲运推土机	150m
（4）推土机	120m

（答案）（4）推土机的适用运输距离为 60m 以下。

7 平整场地、压实机械

平土压实接近完成状态

自动平地机

（1）自动平地机用于场地平整作业，可用于填平坑洼路面、铺设路面基层等。

（2）铲刀由动力带动，可以上下左右移动、转动。

（3）配备了松土装置，可以挖掘坚硬土。

图 2.13 自动平地机

压实机械（碾压型）

（1）**静压型**

① 钢轮压路机

碎石压路机

多轮压路机

② 轮胎压路机

③ 羊角碾压路机

（2）**振动型**

① 振动压路机

② 振动压实机

（3）**冲击型**

① 冲击式夯实机

② 夯土机

碎石压路机（2轴3轮） 3轴多轮压路机

图 2.14 钢轮压路机

图 2.15 轮胎压路机 图 2.16 羊角碾压路机

（a）振动压路机 （b）冲击式夯实机 （c）振动压实机

图 2.17 振动型、冲击型压路机

压实机械与土质的关系

堆填土的压实施工，应按照设计要求的压实度调节含水量、选择压实设备、确定碾压次数和平土厚度。

压实机械与土质的关系　　表 2.9

压实机械	与土质的关系
钢轮压路机	适用于路床、路基的压实，堆填土的平整作业 适用于级配材料、混砂砾石、含砾石砂土等地质条件
轮胎压路机	最适合用于砂质土、含砾石砂土，山砾石、掺砂黏土等含有适当细颗粒的、容易压实的土层，也适用于除高含水量黏性土等特殊土层外的一般土层
振动压路机	最适合用于碎岩、混砂砾石、砂质土等土层 也可用于坡面的压实作业
羊角碾压路机	适用于风化岩、硬土、含砾石黏性土等细颗粒多、灵敏度低的土层
振动压实机、打夯机等	适用于除灵敏度高的黏性土之外的所有土层，还可用于其他设备无法施工的狭窄场所，以及坡肩的施工

注）灵敏度高的黏性土、含水量高的砂质土等通过性差的土层，当无其他办法时，有时也采用推土机。

例题 6　土方压实用施工机械

以下关于土方压实施工机械的叙述，哪项是**不正确**的？

（1）振动压路机一般用于黏性小的砾石、砂质土的压实作业。对于岩石、卵石土应采用重型、高振动频率的设备。

（2）钢轮压路机多用于筑路和路面基层的施工。在土方工程中，也用于路床的平地施工。

（3）用轮胎压实机进行压实作业时，一般当为碎石土时采用高接地压，黏性土时采用低接地压。

（4）羊角碾压路机适用于含水量难调节、通过率差的土质和淤泥质土。

（答案）（4）羊角碾压路机适用于灵敏度低的低含水量的黏性土和软土。

例题 7　根据土质条件选择压实机械

以下“施工机械”和“规格表示方法”的组合，哪项是**不正确**的？

施工机械　　　　　　规格表示方法

（1）振动压路机………… 运转质量（t）

（2）自动平地机 …………铲刀长度（m）

（3）推土机………………最大牵引力（t）

（4）铲运机………………斗容量（m^3）

（答案）（3）推土机规格，机械重量用（t）表示。

8 边坡保护工程

保护边坡是为了土方施工的安全!!

堆土边坡

堆土边坡的坡度由使用的土质材料和堆土高度决定（p.17 表 2.1）。

堆土高度和坡度　　表 2.10

堆土高度（m）	坡度（比例）	堆土材料	备注
0 ~ 5	1.5 ~ 1.8	砂质土、粒度分布好的砂砾	●软弱基础地基时减缓坡度 ●堆土高度高时设台阶
5 ~ 15	1.8 ~ 2.0	硬黏质土、砾石质土	
10 ~ 20	1.8 ~ 2.0	岩块、卵石等	

边坡保护工程

边坡保护工法，有**喷播种子**和**种植草皮**等**植被护坡**工法，**干（浆）砌预制混凝土块**和**片石**等**工程护坡**工法。

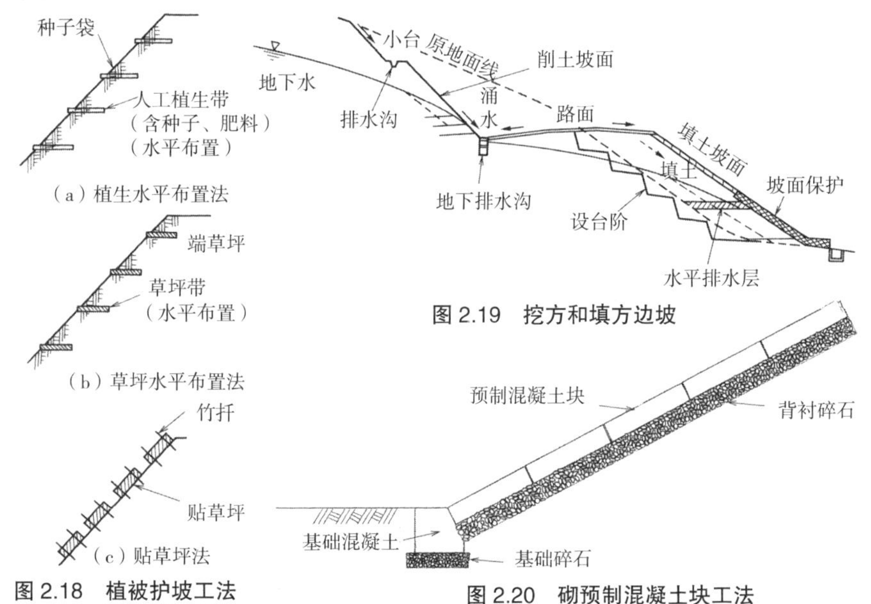

图 2.18　植被护坡工法（填土部分）

图 2.19　挖方和填方边坡

图 2.20　砌预制混凝土块工法

（1）植被护坡工法：是在坡面上种植植物以防止坡面滑坡的施工方法。该工法造价便宜、美化环境。

（2）工程护坡工法：适用于坡面上无法种植植物，或即使种植植物也无法抵抗水对坡面侵蚀的情况。

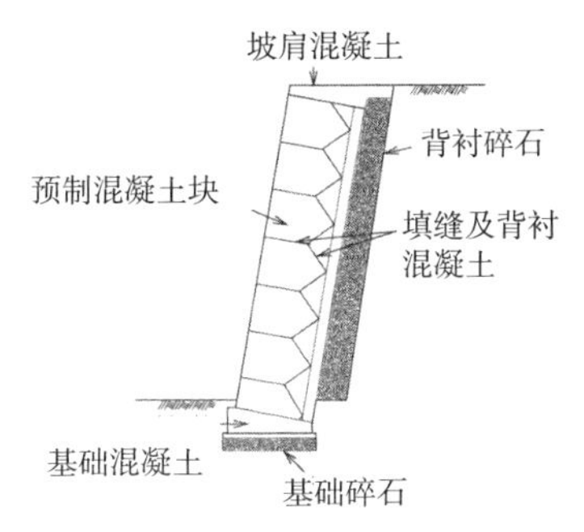

图 2.21 干（浆）砌预制混凝土块工法

挖方坡面保护工程

（1）挖方坡面的坡度应根据现场地质条件，取 1∶0.8 或 1∶1.2（p.17 表 2.2）。

（2）有长坡面的区域容易被水流冲刷，因此应在坡肩和台阶上布置蓄排水沟。

（3）坡面保护工法有植被护坡工法和工程护坡工法。

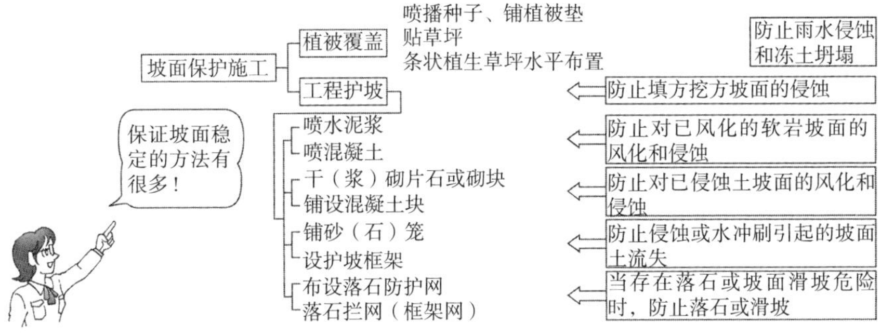

例题 8 坡面保护施工

以下关于坡面保护的叙述中，哪项是不正确的？

（1）采用工程护坡方法时，结构面必须能承受背面的土压力。

（2）挖方或填方完成后应立即进行护坡施工，当采用植被护坡方法时应注意施工季节。

（3）当挖方坡面存在滑塌隐患时，护坡施工前应对隐患部位进行处理。

（4）护坡采用喷射等覆盖方法时，应特别注意做好涌水或浸透水的排水措施。

（答案）（1）对坡面进行工程护坡的目的是为了保护坡面，防止发生滑坡、落石和冻结的危险。

9 疏浚、填筑工程

疏浚：保证航运安全
填筑：增加土地面积

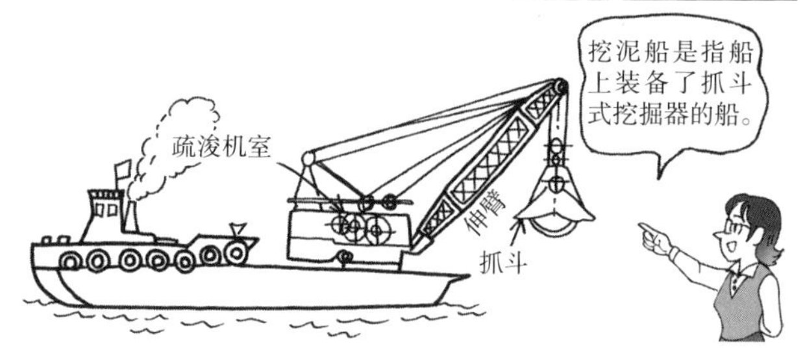

疏浚工程

疏浚是挖掘海底土砂的作业，其目的是为了保证港口或航道具有一定的水深。采用的挖泥船有**泵式挖泥船、抓斗式挖泥船、斗式挖泥船、铲斗式挖泥船**。

（1）泵式挖泥船：是利用离心泵的吸力吸出水底的土砂和水，并通过排砂管将其输送至填筑场地的设备。该设备用于大型疏浚工程。

（2）抓斗式挖泥船：是利用船上装备的抓斗挖掘海底的土砂，并装进本船或其他运输船上运至弃土堆场的设备。该设备适用于小型或狭窄场所的疏浚施工。

（a）泵式挖泥船

（b）抓斗式挖泥船

图 2.22

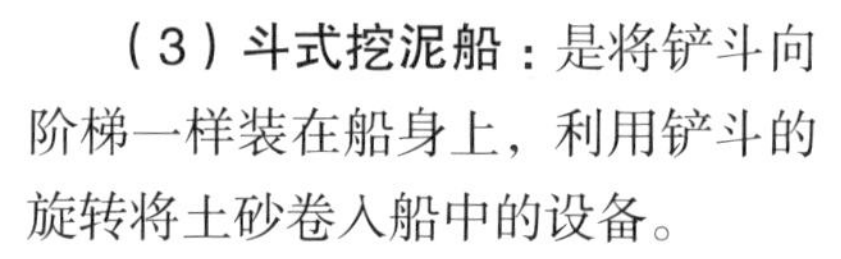

（3）斗式挖泥船：是将铲斗向阶梯一样装在船身上，利用铲斗的旋转将土砂卷入船中的设备。

（a）斗式挖泥船

（b）其他类型船

图 2.23

（4）铲斗式挖泥船：具有超强的挖掘能力，适合较硬土层的疏浚工程。

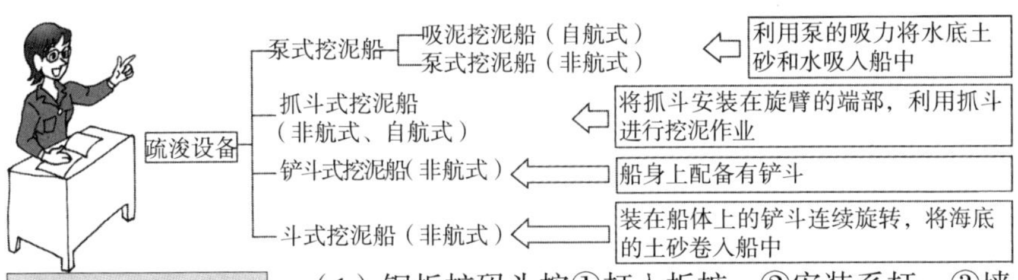

钢板桩码头

（1）钢板桩码头按①打入板桩、②安装系杆、③墙后回填、④墙前疏浚的顺序施工。

（2）背水面的填埋在系杆装好以后、上部工程开始之前进行，应特别注意不能对系杆造成损伤。

（3）钢板桩码头的连接节点与钢板桩、戗木类似。

填筑工程

（1）填筑工程是指向湿地或海岸中堆填土砂以形成新陆地的工程。

（2）神户的人工岛、关西国际空港等就是通过填筑工程扩展了土地面积。

（3）搬运砂土的方法有利用管道、传输带输送的方法，以及用运输工具，如运泥船、吸泥船、自卸式翻斗车等输送的方法。

例题 9　港湾工程中的疏浚船

以下关于港湾工程疏浚船的叙述中，哪项是正确的？

（1）铲斗式挖泥船为非航式船，一般用于较软土层的疏浚施工。

（2）斗式挖泥船在疏浚设备中属于生产效率较低的挖泥船，一般用于小型疏浚工程。

（3）泵式挖泥船的施工能力除了由输送距离和土质等过往的业绩决定外，更主要的是由泵的额定功率决定。

（4）抓斗式挖泥船受疏浚深度的限制少，可以在中小型疏浚工程和狭窄场所疏浚工程中采用。

（答案）（4）抓斗式挖泥船受疏浚深度的限制少，适合中小规模或狭窄场所的疏浚作业。

第2章　问题

问题1　以下关于填土材料用土性质的叙述中，哪项是**不正确**的？

（1）吸水后膨润性小

（2）夯实后压缩性大

（3）易于平地压实施工

（4）耐雨水侵蚀能力强

问题2　以下关于土方量变化系数的叙述中，哪项是**正确**的？其中，中硬岩的变化率 L=1.50，C=1.20，砂质土的变化率 L=1.20，C=0.85。

（1）当挖出土量相同时，中硬岩的天然密实方高于砂质土的天然密实方。

（2）当压实土量相同时，砂质土的天然密实方低于中硬岩的天然密实方。

（3）天然密实方量相同时，中硬岩挖出的土量高于砂质土的土量。

（4）天然密实方量相同时，中硬岩压实土量高于砂质土的土量。

问题3　天然土方量 500m^3 的砂质土，挖出移填后压实，以下挖方量和压实方量的组合中，哪项是**正确**的？其中土方量变化系数 L=1.25，C=0.90。

（1）挖方量——555m^3

（2）挖方量——625m^3

（3）压实方量——400m^3

（4）压实方量——500m^3

问题4　以下关于土方量的计算中，哪项是**正确**的？其中土方量变化系数 L=1.20，C=0.90。

（1）填方 1800m^3 的土，需要天然土方量为 2160m^3。

（2）挖出 1800m^3 的天然土，需要运出土方量为 2000m^3。

（3）填方 1800m^3 的土，需要挖出的天然土方量为 2400m^3。

（4）挖出 1800m^3 的天然土，移填压实后的土方量为 1500m^3。

问题 5　以下关于施工机械的叙述中，哪项是**不正确**的?

（1）自行式铲运机适用于约 1200m 的长距离运土施工。

（2）推土机适用于 60m 以下的短距离运土施工。

（3）抓斗挖掘机适用于盾构机中的立坑、水下挖掘等狭窄场所的深坑挖土施工。

（4）拉铲式挖掘机是利用惯性力将钢丝绳下挂的铲斗甩出后回拉的挖掘工具，适用于坚硬土层的开挖作业。

问题 6　以下关于道路填筑施工的叙述中，哪项是**正确**的?

（1）填土中含有部分冻土或冰雪也可以照常使用。

（2）施工时采用设计阶段指定的材料，在施工阶段即使发现土的压缩性大、抗剪性能不足也可以继续使用，没必要采取土质加固或换土处理措施。

（3）含有大量碎岩、岩块、卵石等的土砂，由于稳定性差，不能作为回填土使用。

（4）工程施工机械行走路线通过性差时，应采取措施变更工程中的排水布置或变更施工机械。

问题 7　以下关于压实管理的叙述中，哪项是**不正确**的?

（1）质量管理方式是指在说明文件中明确对填土要求的方法，压实方法由施工方决定。

（2）以质量管理为核心的压实管理方法，从承包工程契约性质上考虑是合理的，在近年的承包工程中为很多机构所采用。

（3）以工法管理为核心的压实管理方法，是在说明文件中明确压实机械的种类、压实次数、填土材料的铺设厚度等，直接对施工提出要求的方法。

（4）以质量管理为核心的压实管理方法，最常用的是将含水量作为判断压实程度的指标。

问题 8　以下“土质”与“压实机械”的组合中，哪项是**不正确**的?

	土质	压实机械
（1）	灵敏性黏性土	振动压实机
（2）	碎岩、混砂砾石	振动压路机
（3）	风化岩、坚硬土	羊角碾压路机
（4）	砂质土、含砾砂石	轮胎式压路机

问题9　以下有关土方压实机械的叙述中，哪项是**正确**的？

（1）钢轮压路机是指压辊表面有凸起物，凸起物可以对地面形成集中荷载的压实设备，可以用于对黏性土及土块、岩块等进行破碎和压实施工。

（2）打夯机是利用冲击荷载进行压实施工，能人工移动的小型设备。

（3）振动压路机是将振动器直接装在碾压板上，由人力操纵的压实设备。

（4）羊角碾压路机有平滑的钢轮，用于路面基层或沥青路面的施工，可压出平滑的表面。

问题10　以下护坡工程中的“工程种类”与“目的和特点”的组合中，哪项是**不正确**的？

工程种类——目的和特点

（1）铺砌块——抑制涌水引起的土砂流出

（2）堆植物土袋——防止不良土、硬质土对坡面的侵蚀

（3）喷播种子——防止侵蚀、抑制冻胀崩落

（4）锚杆——防止土块滑移

问题11　以下护坡工程中的“工程种类”与“目的和特点”的组合中，哪项是**不正确**的？

工程种类——目的和特点

（1）喷掺和土——防止侵蚀、抑制冻胀崩落

（2）喷水泥砂浆、混凝土——防止风化、侵蚀、地表水渗透

（3）人工草坪带——抑制涌水引起的土砂流出

（4）喷锚支护——防止土块滑移

问题12　以下护坡工程中的“工程种类”与“目的和特点”的组合中，哪项是**正确**的？

工程种类——目的和特点

（1）喷水泥砂浆——抵抗土压

（2）铺草坪——防止土块滑移

（3）铺砌块——防止风化、侵蚀、地表水渗透

（4）喷锚支护——防止不良土、硬质土坡面的侵蚀

第3章　土木计划、设计

土木工程应进行缜密规划、精心设计、高效率施工。为此，对各种土木工程机械的生产效率、价格等应有充分了解。

（提供：皮・埃斯）

1 推土搬运

推土机的生产效率

推土机的生产效率

推土机每小时的生产效率按下式计算：

$Q=\frac{60\times q\times f\times E}{C_m}$（$m^3/h$）其中 $q=q_0\rho$

式中，q_0：推土机铲刀容量（m^3）

ρ：与推土距离和运输路线坡度的相关系数

f：天然密实方换算系数（$f=1/L$）。E：工作效率

C_m：每一个工作循环延续时间（min），参照图3.1计算。

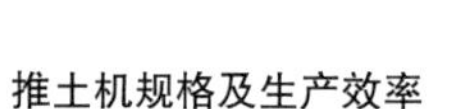

推土机规格及生产效率　　表3.1

形式	规格	输出功率（PS）	质量（t）	铲刀尺寸（m）$L\times H$	铲刀容积 q_0（m^3）	接地压强（kgf/cm^2）	铲刀形式
普通型	11t级	106	10.9	3.71×0.87	1.95	0.59	角铲
	15t级	136	14.6	3.92×1.00	2.72	0.62	角铲
	21t级	207	21.9	3.70×1.30	4.33	0.73	直铲
	32t级	283	31.7	4.13×1.59	7.23	1.03	直铲

与推土距离及运输路线坡度的相关系数 ρ　　表3.2

坡度（%） \ 运输距离（m）		20	30	40	50	60	70	80
平坦	0	0.96	0.92	0.88	0.84	0.80	0.76	0.72
下坡	5	1.08	1.03	0.99	0.94	0.90	0.85	0.81
	10	1.23	1.18	1.13	1.08	1.02	0.97	0.92
	15	1.41	1.35	1.29	1.23	1.18	1.12	1.06
上坡	5	0.85	0.82	0.78	0.75	0.71	0.68	0.64
	10	0.77	0.74	0.70	0.67	0.64	0.61	0.58
	15	0.70	0.67	0.64	0.61	0.58	0.56	0.53

（摘自日本道路协会编《道路土工施工指南》）

推土机的工作效率 E（参考值） 表 3.3

土的种类	工作效率	备注
岩石、卵石	0.20 ~ 0.35	
含砾石土	0.30 ~ 0.55	固结土时取下限值
砂	0.40 ~ 0.70	
普通土	0.35 ~ 0.60	
黏性土	0.30 ~ 0.60	受推土机通过性能好坏的影响大

（摘自日本道路协会编《道路土工施工指南》）

注）根据施工现场的实际条件在上述数值范围内调整。作业条件好、一般、差分别对应于上限值、中间值和下限值。

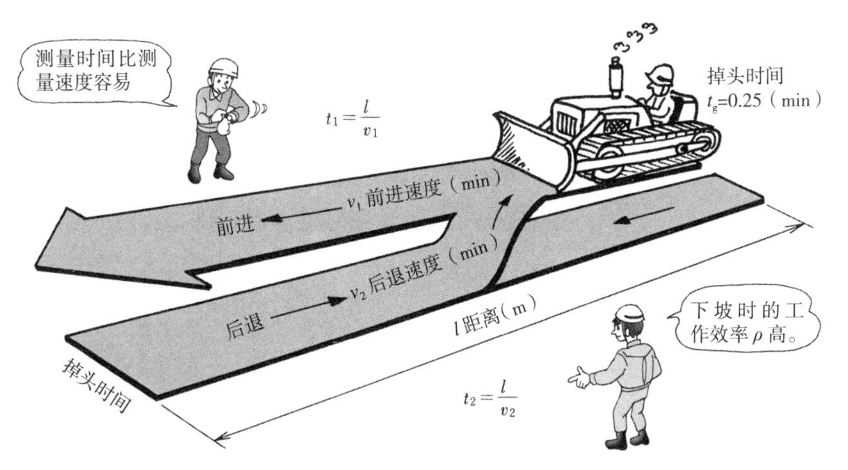

图 3.1 推土机一个工作循环延续时间的计算方法

例题 1 直铲推土机的生产效率

已知推土机的前进速度 v_1=40m/min，后退速度 v_2=90m/min，工作效率 E=0.80，松土系数 L=1.20。采用 21t 级直铲推土机挖土，下坡坡度 10%。求运输距离 30m 时的生产量相当于多少天然密实方量？

（解）① 查表 3.1 得，铲刀的容量 q_0=4.33（m^3）

② 查表 3.2 得，与推土距离和运土线路坡度的相关系数 ρ=1.18

③ 一个工作循环标准生产量 q=4.33 × 1.18=5.11（m^3）

④ 天然密实方换算系数：f=1/L=1/1.20=0.83

⑤ 由图 3.1 得，掉头时间为 t_g=0.25（min）

⑥ 由图 3.1 得，一个工作循环持续时间 C_m=30/40+30/90+0.25=1.33（min）

⑦ 天然密实方量 Q=5.11 ×（60/1.33）× 0.83 × 0.80=153（m^3/h）

2 既可以挖土又可以装土

铲式挖掘机的生产效率

铲式挖掘机的生产效率

铲式挖掘机（正铲、反铲、抓铲）的生产效率按下式计算：

$$Q=\frac{360\times q\times f\times E}{C_m}\ (m^3/h)$$

$q=q_0K$

q_0：铲斗的额定容量（m^3）

K：铲斗系数（根据机械类型和土质情况的不同发生变化）

f：挖方量换算成天然密实方量的换算系数

E：工作效率（0.5 ~ 0.8）

C_m：一个工作循环延续时间（s），参照图 3.2（一般取表 3.5 中的数值）。

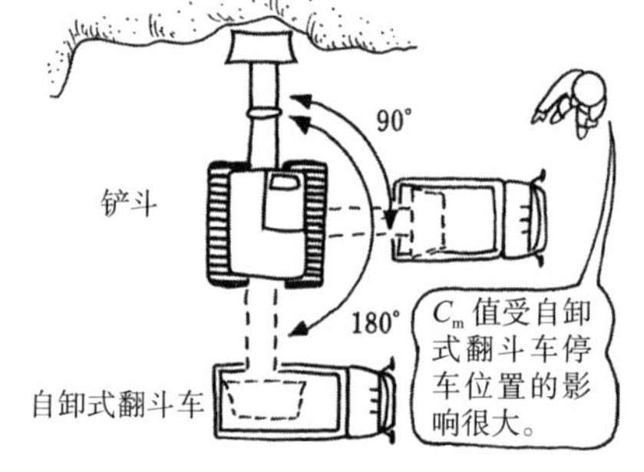

图 3.2　铲式挖掘机的装车

另外，铲式挖掘机的特点和适用范围的整理结果，如表 3.6 所示。

铲斗系数 K　　表 3.4

土质类别	反铲式	抓铲式	正铲式	备注
岩石、卵石	0.45 ~ 0.75	0.40 ~ 0.70	0.50 ~ 0.80	易于堆土且空隙少，易于挖掘时取较大系数
含砾石土	0.50 ~ 0.90	0.45 ~ 0.85	0.60 ~ 1.00	
砂	0.80 ~ 1.20	0.75 ~ 1.10	0.90 ~ 1.30	
普通土	0.60 ~ 1.00	0.55 ~ 0.95	0.70 ~ 1.10	
黏性土	0.45 ~ 0.75	0.40 ~ 0.70	0.50 ~ 0.80	

（摘自日本道路协会编《道路土工施工指南》）

例题 2　正铲挖掘机的生产效率

采用 $0.6m^3$ 级正铲挖掘机挖掘易于开挖的普通土，求挖掘机的生产量相当于多少天然密实方量？已知条件：运输车辆数合适，旋转角度 180°；工作效率 E=0.70，松土系数 L=1.30。

（解）①铲斗的额定容量 q_0=0.6（m^3） ②铲斗系数 K=1.10

③土量换算系数 f=1/1.30=0.77 ④工作效率 E=0.7

⑤查表 3.5 得，一个工作循环持续时间 C_m=23（s）

⑥天然密实方量 $Q=\dfrac{3600\times0.6\times1.10\times0.77\times0.7}{23}$=55.7（$m^3/h$）

铲式挖掘机一个工作循环持续时间 C_m　　表 3.5

设备种类	反铲式	抓铲式**	正铲式	备注
规格 / 挖掘深度（土类别）	液压履带式 0.3 ~ 0.6m^3 级	机械履带式 0.8m^3 级	机械履带式 0.6m^3 级	
容易开挖（砂砾）	20 ~ 29（s）	30 ~ 37（s）	14 ~ 23（s）	旋转角度、挖掘深度大时，取较大值
可以开挖（普通土）	23 ~ 32	33 ~ 42	16 ~ 27	
较难开挖（黏性土、砾石土）	27 ~ 36	37 ~ 46	19 ~ 32	
难开挖（基岩、卵石）	31 ~ 41	42 ~ 48	21 ~ 35	

* 设备容量大时取上限值。　　（摘自日本道路协会编《道路土工施工指南》）

** 开挖深度不超过 5m，不适用于狭窄场所的挖土施工。

铲式挖掘机的特点及选用标准　　表 3.6

		正铲	反铲	拉铲	抓铲
挖掘生产力		A	A	B	C
挖掘材料	硬岩	A	A	D	D
	中硬岩	A	A	B	B
	软土	A	A	B	B
	水中挖掘	C	B	A	A
挖掘位置	高于停机面	A	C	C	B
	地面	B	B	B	B
	低于停机面	C	A	A	B
	大范围	C	C	A	B
	精确开挖	A	A	C	A
适合作业	高山的削山作业	A	D	D	D
	挖基坑	C	A	A	B
	开挖宽口 V 形槽	B	A	A	C
	开挖窄口 V 形槽	C	A	C	B
	清除表层土的平地作业	B	C	A	D
	坡面的平地作业	C	B	C	C
	回填作业	C	C	B	B
	路面的破碎装车作业	D	B	D	B
	物料的提升作业	C	C	B	A

表中的记号　A：适合，B：一般，C：效率低，D：不适合

（摘自《土木工学手册》（技报堂））

3 运输工作我来做!!

自卸式翻斗车的生产效率

自卸式翻斗车

生产效率

（1）适用于中距离、长距离的运输。

（2）在公路和施工现场,车的种类和路况条件是不同的。

（3）货运车在公路上运行除了必须遵守交通规则外，还不能在道路上遗撒。当有遗撒时应有相应的清理措施。

（4）为了提高生产效率，施工现场有时采用装载量30t或60t的大型运土车。其计算方法与一般货车相同。

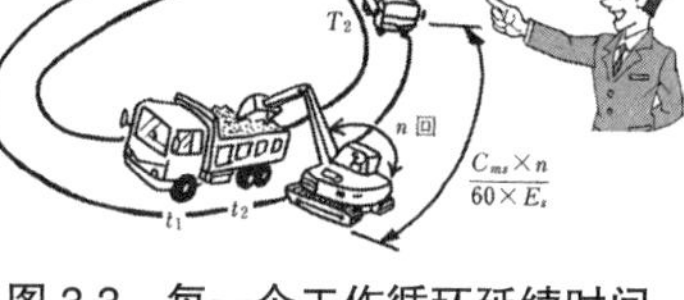

图3.3　每一个工作循环延续时间

（5）运输生产效率 Q 按下式计算：

$$Q=\frac{60\times q_0\times f\times E}{C_m}\ (\mathrm{m^3/h})$$

每一个工作循环延续时间 C_m 按下式计算：

$$C_m=C_{ms}n/(60E_s)+(T_1+T_2+t_1+t_2+t_3)\ (\mathrm{min})$$

C_{ms}：装车设备每一个工作循环延续时间（s）

n：一台自卸式翻斗车的运输次数

$$n=q_0/(q_sK)$$

q_0：自卸式翻斗车的装载土方量（$\mathrm{m^3}$）（平斗）

q_s：装车设备的铲斗容量（$\mathrm{m^3}$）

K：铲斗系数，E_s：装车设备的工作效率

T_1、T_2：自卸式翻斗车路上往复行驶时间

$$T_i=(D/V_i)\,60\ (i=1\text{或}2)$$

D：往返行驶距离（km）

V_i：往返行驶速度（km/h）

t_1、t_2：卸车、装车等待时间（min）

t_3：遮盖布揭布所需时间（min）

E：由道路条件（沿路环境、路面状态、白天还是晚上运输）决定的工作效率（一般取 0.9）。

所 需 数 量

确定货运车数量应考虑装车设备和卸车设备的生产效率，关键是各种设备的生产效率应能相互匹配。需要配备自卸式翻斗车的数量 M 按下式计算：

$M=Q_s/Q_D$（辆）

Q_s：装车设备的生产效率（m^3/h）

Q_D：自卸式翻斗车的生产效率（m^3/h）

自卸式翻斗车规格　表 3.7

规格	额定功率（PS）	最大载重量（t）	几何容量（m^3）
2t 级	120	2.0	1.54
4t 级	184	4.0	2.66
8t 级	243	8.0	5.26
11t 级	410	11.0	7.21

例题 3　自卸式翻斗车所需数量

采用几何容量 $0.6m^3$ 的正铲挖掘机和 11t 级的自卸式翻斗车进行土方施工。土质为砾石土，中级挖土作业。运输路线为双车道，路况较好，距堆土场 2.5km。自卸式翻斗车运出土的平均速度 25km/h，空车返回的平均速度 30km/h，$t_1=0.5$min，$t_2=0.3$min，t_3=4min，工作效率 $E_s=0.9$。考虑 1 台备用车时，求需要多少辆自卸式翻斗车？已知正铲挖掘机的工作效率 $E_s=0.55$，土方量变化系数 L=1.25，一个工作循环延续时间 C_{ms}=26s。

（解）①查表 3.7 得，自卸式翻斗车的装载量 q_0=7.21（m^3）

查表 3.4 得，正铲挖掘机的铲斗系数 K=0.80

②正铲挖掘机的装车次数 n=7.21/（0.6×0.80）=15.02 → 16（次）

③自卸式翻斗车一个工作循环延续时间：

运出平均速度 T_1=（2.5/25）×60=6.0（min）

返回平均速度 T_2=（2.5/30）×60=5.0（min）

C_m=26×16/（60×0.9）+6.0+5.0+0.5+0.3+4.0=23.5（min）

土方量换算系数 f= 1/1.25=0.80

④自卸式翻斗车每小时生产量

Q_D=7.21×（60/28.4）×0.8×0.9=11.0（m^3/h）

⑤正铲挖掘机每小时生产效率（与**例题 2** 的解法相同）

铲斗容量 Q_0=0.6（m^3）铲斗系数 K=0.80

土方量换算系数 f=1/1.25=0.80 工作效率 E=0.55

⑥一个工作循环延续时间 C_m=26（s）

⑦ Q=0.6×0.8×3600/26×0.8×0.55=29.2（m^3/h）

⑧自卸式翻斗车所需数量 M=29.2/11.0=2.6（辆），包括备用车辆共需要 3 辆。

4 使用施工机械产生各种费用!

施工机械使用费

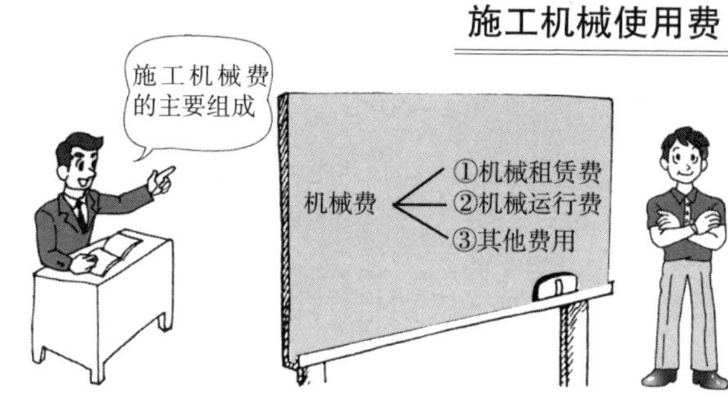

施工机械使用费

施工机械使用费是指施工中与使用机械相关的所有费用，由**图 3.4** 中所列项目组成。

随着运行时间的增加，除折旧费降低外，其他费用均成比例增加。

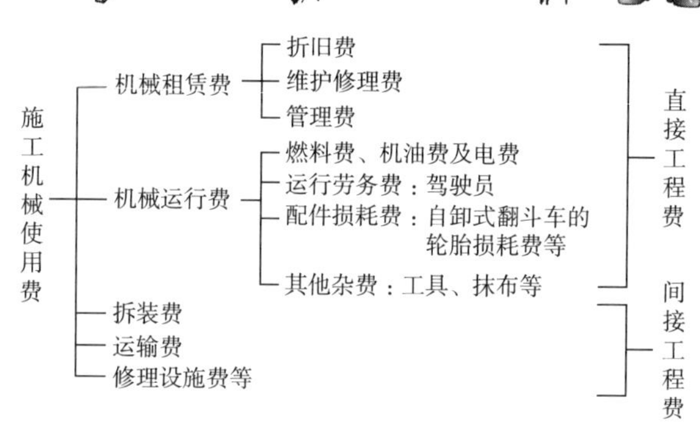

图 3.4 施工机械使用费的组成

作业单价

机械化土方施工的机械作业单价由每小时机械使用费除以每小时的生产量得到。因此施工机械使用费等于作业单价 × 作业时间。

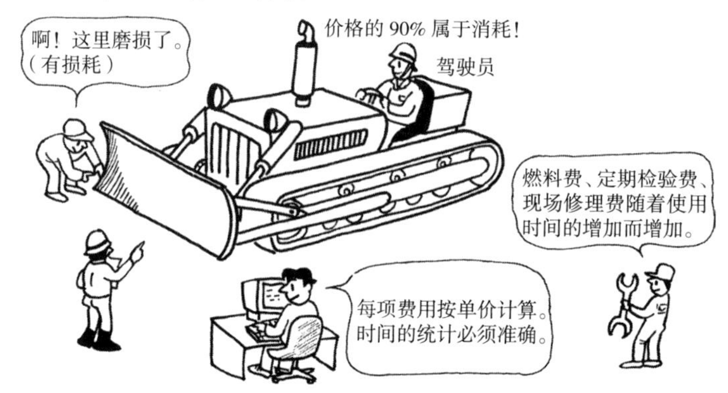

图 3.5 决定施工机械使用费的条件

机械租赁费

机械租赁费是指机械使用过程中产生的费用。机械租赁费由**表 3.8** 中所列内容组成。机械租赁费按下式计算：

机械租赁费 =（每小时机械租赁费）×（运行时间）

+（每天折旧费）×（租赁天数）

机械租赁费示例（日本国土交通省 2008 年度预算标准） **表 3.8**

机械名称	规格	使用年限（年）	一年标准			运行 1 小时的机械租赁费（日元）	摘要
			运行时间（小时）	运行天数（天）	使用天数（天）		
推土机（减排型）	21t	10	800	120	200	8350	ROPS 标准配置
反铲式（减排型）	标准铲斗几何容量 6.0m^3	8.5	750	120	190	4320	
拖式挖掘机（轮式，减排型）	铲斗尖斗容量 0.8m^3	11.5	570	120	190	2030	含低噪声型机械
自卸式翻斗车	10t 容量	10.0	900	150	190	3280	不含轮胎折旧
振动压路机（搭乘式联合型）	减排型自重 3 ~ 4t	12.0	450	100	150	1990	含低噪声型机械

机械运行费

机械运行费是指机械运行时需要的费用。机械运行费由**表 3.9** 中所列内容组成。运行费按下式计算：

每小时运行费 =（每小时运行定额）×（单价）

机械运行费 =（每小时运行费）×（运行时间）

运行 1 小时需要的燃料及定额（示例） **表 3.9**

机械名称	推土机		铲式挖掘机		自卸式翻斗车	
规格	15t	21t	0.35m^3	0.6m^3	4t	10t
轻油（l）	18.0	27.0	11.0	18.0	7.4	13.0
驾驶员（人）	0.20	0.20	0.16	0.16	0.17	0.17
各项杂费	1 套					
轮胎等损耗费					1 套	
机械租赁费（日元）	6380	8350	2490	4320	1160	3280

5

施工计划中造价计算非常重要

机械化土方施工工程量计算

机械化土方施工工程量计算

机械化土方施工，机械数量、材料、人工数、费用、时间的需求量按以下方法计算。

（1）所需机械数量

①每天作业量 =MQH 工期中的实际天数 =$30UB/100$

②总作业量 Q_t= 每天作业量 × 工期中的实际天数

Q_t=（MQH）×（$30\ UB/100$）

Q：每小时作业量

（m^3/h，m^2/h）

H：每天净作业时间（h/天）（一般为 5.5 ~ 6 小时）

U：工期（月）

B：机械实际运转率（%）（应减去节假日或天气等原因无法施工的天数，一般取 50% ~ 80%。）

（2）所需材料及人工数：

所需材料及人工数 =（每小时定额）×（所需作业时间）

（3）所需机械费用

所需机械费用 =（每小时机械费用）×（所需作业时间）

（4）所需作业时间

所需作业时间 =（总作业量）/（每小时作业量）

例题 4　角铲推土机的所需数量等

用 21t 级的普通推土机进行挖土推土施工。土方量为 80000m^3，土质为砂质土，计划工期 3 个月。求需要多少机械、材料费、人工和机械使用费？施工作业状况是下坡推土 20m，场地坡度 5%。已知，机械前进速度 40m/min，后退速度 100m/min，工作效率 0.6，土方量变化系数 L=1.25，每天的净作业时间 6 小时，机械实际运转率 50%。此外机械使用费计算用定额与单价见下表。

名称	定额	单价
燃料费	27l	93①
驾驶员（特殊）	0.20 人	17400②
机械租赁费	1h	8350③
各项杂费	1 套	（*）

（*）将（①+②+③）合计后进行末位数 0 处理。

（解）角铲推土机每小时生产率

① q=4.33×1.08=4.68（m^3）

② f=1/L=1/1.25=0.80

③ C_m=20/40+20/100+0.25=0.95（min）

④ Q=4.68×（60/0.95）×0.8×0.6=141.9（m^3/h）

⑤需要机械数量 M=（100×80000）/（30×3×141.9×6×50）=2.1（辆），取 3 辆。

⑥需要作业时间 =80000/141.9=563.8（小时）

⑦需要材料及人工数

1）轻油（l）=27×563.8=15223（l）

2）驾驶员（人）=0.20×563.8=113（人）

⑧机械使用费

每小时机械租赁费（日元）=8350（日元）

总机械使用费 14350×563.8=8090530（日元）

名称	规格	单位	数量	单价	金额	摘要
驾驶员（特殊）		人	0.20	17400	3480①	
燃料费	轻油	l	27	93	2511②	
机械租赁费		h	1		8350③	
各项杂费		套	1		9	将（①+②+③）合计后进行末位数 0 处理
合计					14350	运行 1 小时的费用

6 施工费中应计入机械搬运费

机械搬运费

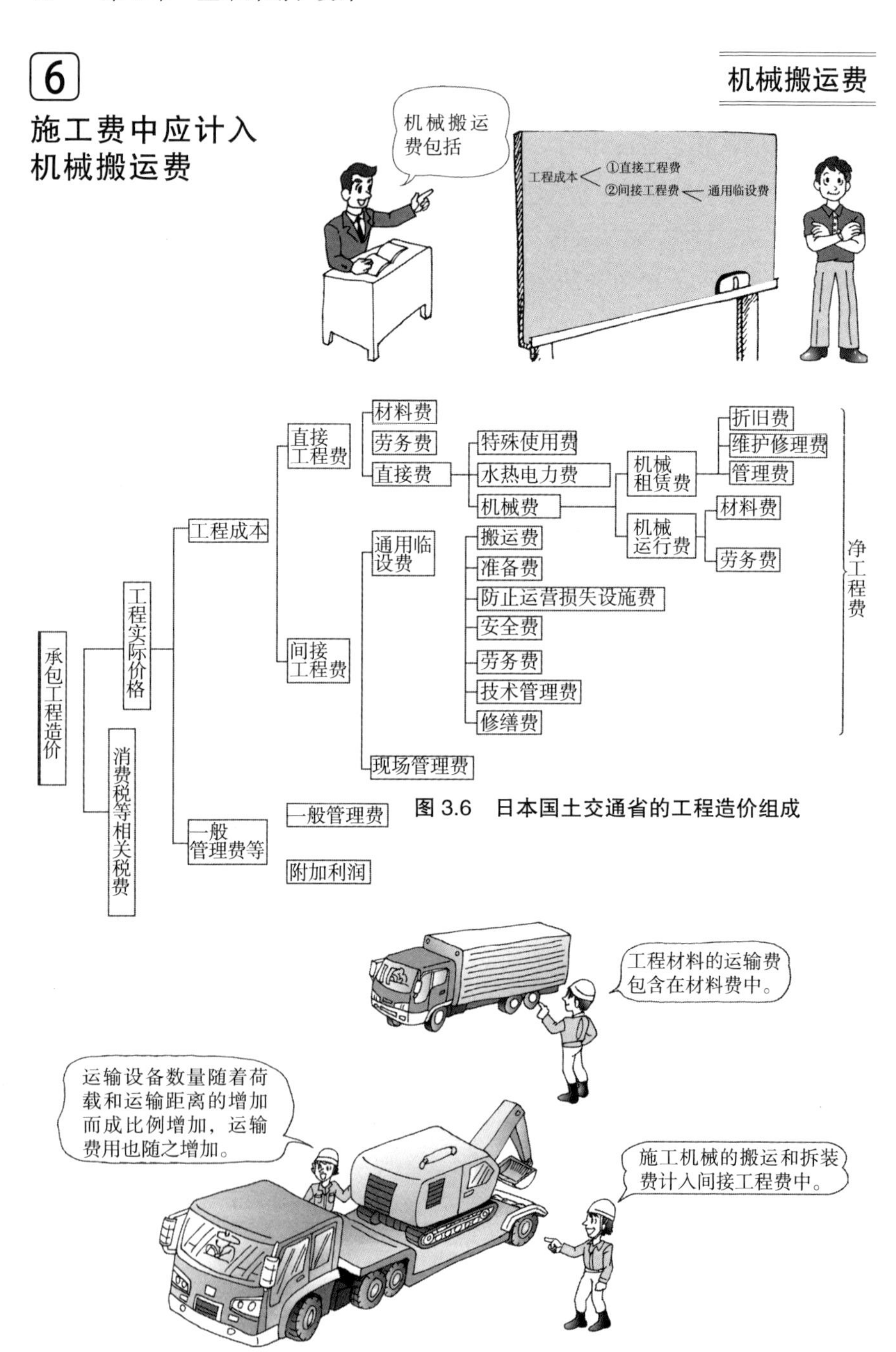

图 3.6　日本国土交通省的工程造价组成

机械搬运费

机械搬运费根据搬运车辆的质量、被搬运物的种类和质量以及搬运距离计算。然后根据运输线路的地域状况、交通流量、路况等进行调整。

搬运车辆与被搬运车辆的组合 表 3.10

搬运车辆	被搬运车辆
10t 载重	10t 级碎石压路机
12t 载重	11t 级推土机、1.2m^3 级拖铲挖掘机 0.35m^3 级正铲挖掘机、0.35m^3 级拖铲挖掘机
20t 载重	0.6m^3 级正铲挖掘机、0.6m^3 级拖铲挖掘机
25t 载重	21t 级推土机

搬运机械的基本费和附加费示例（单位：日元） 表 3.11

搬运车质量（t）	搬运距离（km）				
	30	60	200	超过 200km 不到 500km 时，每增加 20km 的递增费	超过 500km 时，每增加 50km 的递增费
10	17570 ~ 26350	24900 ~ 37460	50220 ~ 75320	2700 ~ 4040	6740 ~ 10100
12	18170 ~ 27250	25700 ~ 38690	51790 ~ 77690	2780 ~ 4180	6950 ~ 10430
14	19800 ~ 29700	27650 ~ 41470	56030 ~ 84050	3150 ~ 4730	7740 ~ 11620
超过 14t 时，按每增加 2t 计算递增费	1630 ~ 2450	1860 ~ 2780	4240 ~ 6360	370 ~ 550	790 ~ 1190

· 搬运费 15t 以下车辆增加基本费的 60%，15t 以上车辆增加 70%。
· 14t 以上车辆的基本费，以 14t 为基准，按每增加 2t 计算递增费。

例题 5　拖铲挖掘机的搬运费

搬运 0.35m^3 级的拖铲挖掘机，搬运距离不超过 30km，计算搬运费。

（解）查表 3.10，选用载重 12t 级搬运车辆。从表 3.11 中查搬运费用，因为载重不足 15t，所以基本费用增加率为 60%，因此得：

（18170+27250）/2=22710（日元）（平均值），22710 × 1.6=36336（日元）（注）

例题 6　推土机的搬运费

搬运 21t 级推土机，搬运距离 60km，计算搬运费。

（解）查表 3.10，选用载重 25t 级搬运车辆。从表 3.11 中查出 14t 搬运车的搬运费和每超过 2t 时的递增费用，则超出 14t 时的附加费为：

（25−14）/2=6（取整数）

因此 6 ×（1860+2780）/2=13920（日元）

搬运费为：

［（27650+41470）/2+13920］× 1.7=82416（日元）（注）

（注）一般取整数。

第 3 章　问题

问题 1　以下关于近年施工机械发展动态的叙述中，哪项是不正确的?

（1）为了减轻液压式挖掘机的质量，近些年减轻配重质量、增加后端伸臂形式的设备在不断增加。

（2）反铲挖掘机、移动式吊车的操作方法因厂家各异，为了提高安全性和生产效率，近些年正在致力于促进和普及统一的标准操作方法。

（3）由于机动车尾气排放对大气的污染中，施工机械的占有率不断提高，已开始对施工机械的尾气排放量进行限制。

（4）近些年在施工机械领域中，危险施工现场采用远距离遥控无人化施工，利用 GPS 进行填方的压实管理等，施工机械化、施工自动化得到了发展。

问题 2　下列施工机械的“机械名称”和“性能指标”的组合中，哪项是不正确的?

机械名称	性能指标
（1）轮胎压路机	质量（t）
（2）沥青铺路机	施工宽度（m）
（3）推土机	铲刀宽度（m）
（4）反铲推土机	铲斗容量（m^3）

问题 3　以下关于推土机、拖铲挖掘机等机械噪声和振动的整治措施中，哪项是不正确的?

（1）噪声与发动机的转动数成正比，应避免高负荷运转。

（2）为防止履带式施工机械的摩擦噪声，应注意调整履带的张紧度。

（3）应避免铲刀、铲斗的撞击作业。

（4）履带式土方施工机械行走速度越快振动越小，所以应高速行驶。

第 4 章　基础工程

基础是将结构的作用荷载和自重传递至地基的结构。房屋、桥墩等结构都是建筑在基础上的，所以基础必须安全可靠。

基础根据结构的种类、重要性、规模及土质情况可采用**天然地基基础、桩基础、沉箱基础**等。根据施工位置、地质情况等的不同，结构的形态和施工方法也各不相同。

（提供：皮·埃斯）

1 各种基础种类

基础的种类

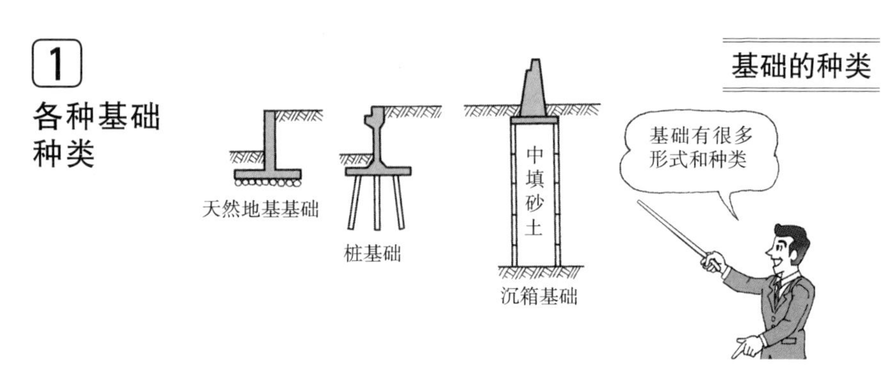

基础的种类

（1）**基础**的作用是将上部结构的荷载顺利地传递给基础地基。

（2）地表附近存在土质好、承载力强的土层时，可以将该土层作为持力层，直接将基础作用在该土层上，这种基础叫作天然地基基础。这种基础形式有**底脚基础、筏形基础**等。

（3）当持力层深时，可采用**桩基础**（预制桩、灌注桩）、**沉箱基础**（**开口沉井、气压沉箱**）。

（4）基础分类如下图所示。

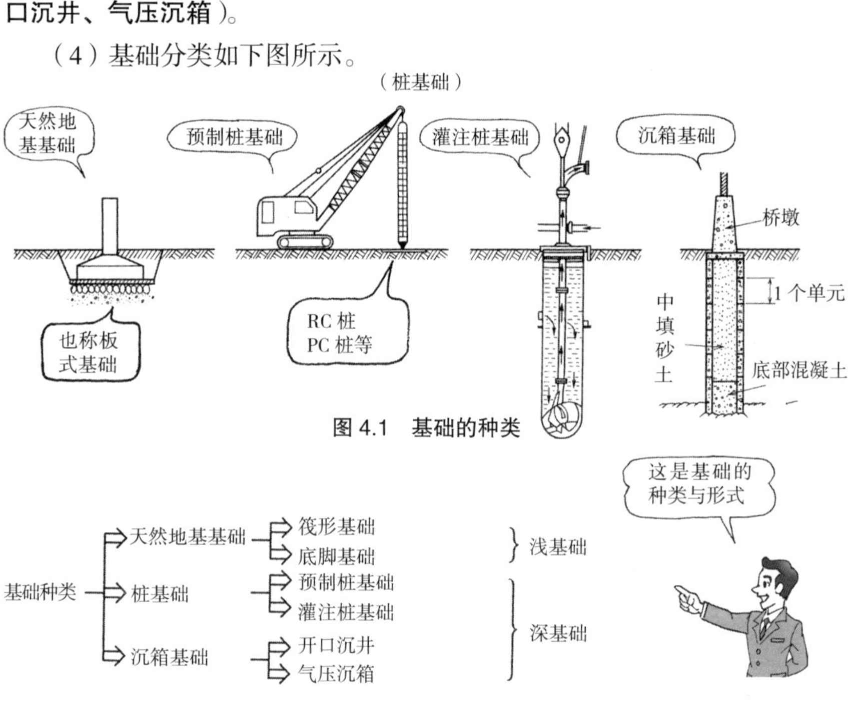

图4.1　基础的种类

各种基础的特点 表 4.1

基础形式		优点	缺点	工法
天然地基基础		成本低、可靠	适用范围有限	扩展基础 筏形基础
桩基础	预制桩	施工计划简单 造价低 工期短	无法确认地质情况 噪声和振动大 有砾石、卵石时施工困难	木桩、RC 桩、 PC 桩，钢桩
	灌注桩	振动噪声小 地基承载力可靠	施工计划复杂 造价较高	贝诺托施工法 反循环回转钻孔法 深基础工法
沉箱基础（墩台基础）	开口沉井 气压沉箱	承载力和水平抵抗力大 可确认土质情况	施工计划复杂 造价高	沉箱基础 墩台基础

各种基础的特点

表 4.1 中列出了各种基础形式的优点和缺点。选择基础形式应综合考虑现场的地质情况、荷载大小、施工安全性、施工难度、经济性等各种因素的影响。

制定基础施工计划时，应注意以下几点：

（1）能够满足结构的使用要求，与上部结构形成一体共同发挥作用。

（2）施工应做到安全可靠，防止发生不均匀沉降等。

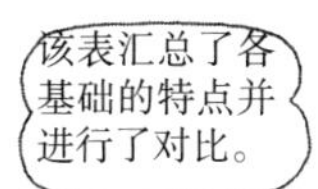

（3）作为结构的一部分应具有耐久性，并易于维修。

（4）应注意施工对周边环境的影响，且有良好的经济性。

设计调查

基础施工必须与地基施工相结合。为了使地基可靠，必须进行各种事前调查。

（1）为了掌握地质情况，必须进行**土质调查**。

（2）为了施工时不影响周边环境，必须进行**环境调查**。

（3）为使施工顺利进行，必须进行施工条件和施工管理调查。

<重点>

（1）天然地基基础对倾倒、滑动和承载力应具有足够的安全度。

（2）在荷载作用下的沉降小，不会对上部结构产生影响。

（3）天然地基基础的底面应与地面紧密接触，具有抗滑移能力。

2 地基承载力与变形

支承上部结构的力（地基承载力）和变形

地基承载力

（1）进行基础设计时，为防止土层剪切破坏，地基应具有足够的承载力，并应验算地基沉降是否在容许范围之内。

（2）基础设计时，应从地基承载力和沉降两方面进行验算，根据验算结果确定地基的容许承载力，并将其作为地基持力层的承载力。

（3）天然地基基础（浅基础）中，基础底面的宽度 B 小于埋入深度 D_f 时为**扩展基础**，大于埋入深度 D_f 时为**筏形基础**。

（4）浅基础一般采用太沙基公式计算地基承载力。

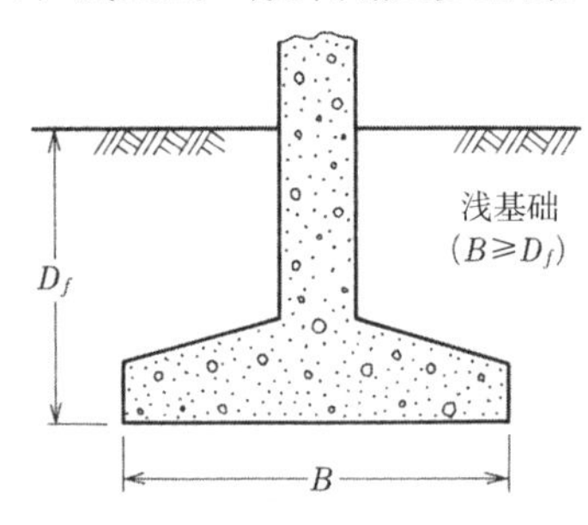

图 4.2　天然地基基础（筏形基础）

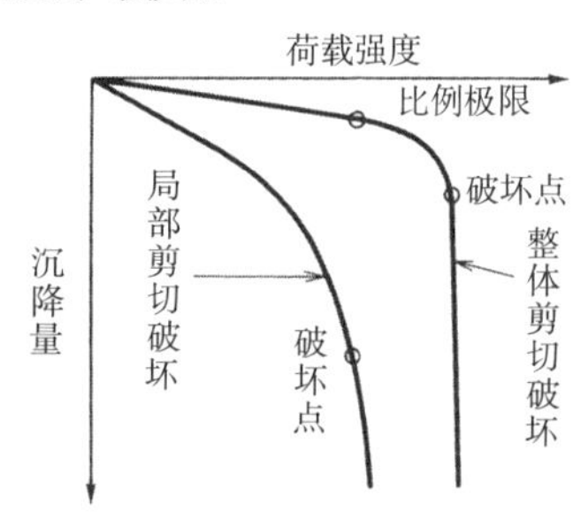

图 4.3　荷载 – 沉降量曲线

剪切破坏

图 4.3 表示荷载强度和沉降量的关系。从图中可以看出，剪切破坏是土层的破坏状态，分为整体剪切破坏形式和局部剪切破坏形式两种。

（1）**整体剪切破坏**：到达破坏点时的沉降量虽然很小，但发生突然；一般发生在密实或坚硬的土层中。

（2）**局部剪切破坏**：到达破坏点时的沉降量大，破坏逐渐发生；一般发生在软弱土层中。

竖向承载力

发生整体剪切破坏时的地基极限承载力 q（kN/m^2）按下式（太沙基地基承载力公式）计算：

$$q=\alpha\cdot c\cdot N_c+\frac{1}{2}\beta\cdot r_1\cdot B\cdot N_r+r_2\cdot D_f\cdot N_q$$

式中，c：基础底面以下的土层黏结力（kN/m^2）

r_1：基础底面以下土的单位体积重力（kN/m^3）

r_2：基础底面以上土的单位体积重力（kN/m^3）

D_f：基础埋置深度（m）

B：基础底面边长的较小值(圆形基础时取直径)(m)

N_c、N_r、N_q：承载力系数（由土层的内摩擦角 ϕ 决定）

α、β：基础的形状系数

公式虽然长，但只要将各值代入就可以了!!

基础底面的形状系数

（土木学会编《土木工学手册》） 表 4.2

形状系数	条形	正方形	圆形	长方形、椭圆形
α	1.0	1.3	1.3	1+0.3B/L
β	1.0	0.6	0.6	1−0.4B/L

注）B：长方形的宽度。
L：长方形的长度。

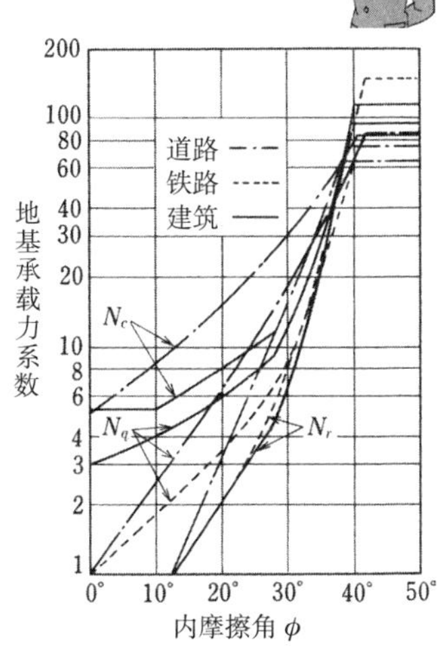

图 4.4 承载力系数比较

地基变形

基础工程中，地基变形占变形的主要部分。基础底面的压力只要在地基容许承载力范围内，可认为地基是弹性体，按弹性设计。

天然地基基础时，基础底面中心点的竖向变形 δ_v(cm)按以下公式计算。

$$\delta_v=\frac{1}{K_v}\cdot\frac{V}{A_v}$$

式中，V：竖向作用力（N）

A_v：基础底面积（cm^2）

K_v：竖向地基反力系数（N/cm^3）

3 地基处理方法

通过对软弱地基进行处理达到要求强度的方法

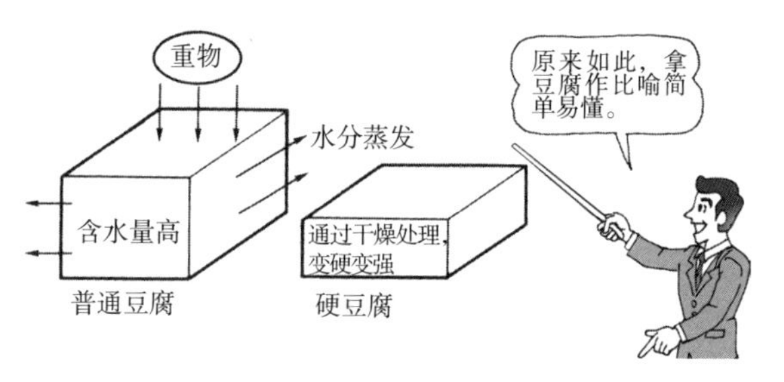

软弱地基处理方法

软弱地基处理以增加地基承载力为目的，一般采用压密固结或通过排水促进土密实的方法。根据地基状况、处理深度和使用材料的不同，施工方法也不同。

软弱地基是指**标准贯入试验的** *N* **值**（参照 p.199 附录）小于 5，没有足够承载力的土层。一般情况下，粒度分布和含水率不合适的情况比较多。

砂质地基处理方法

地基处理一般是指对较深土层的处理，砂质地基处理方法如表 4.3 所示。

砂质地基处理方法 **表 4.3**

处理方法	处理深度	处理后的 *N* 值	工法概要
振冲置换法	20m	10 ~ 15	将带有振冲装置的管通过振动或射水法沉入砂层至设计标高，由管周围向孔内补充砂料，边振动、边加料、边上提，形成砂桩的方法
振动砂桩法	30m	10 ~ 20	利用振动荷载，在软弱地基中形成砂柱
挤密砂桩法	15m	10 ~ 20	通过捶击或振动将空管打入地下后，边拔套管、边贯入砂料，形成砂桩的方法

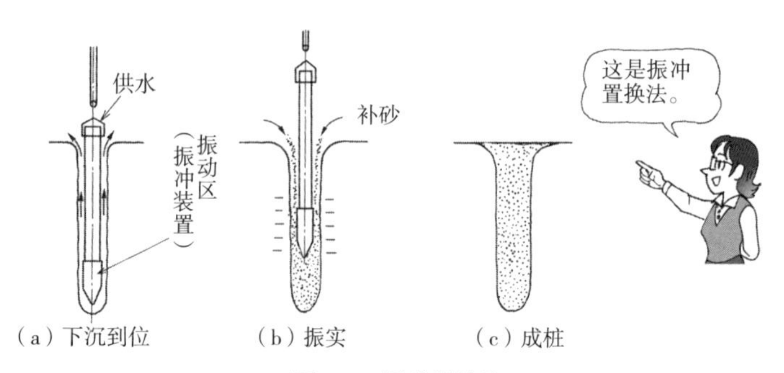

图 4.5 振冲置换法

黏性土地基处理方法

（1）**换填垫层法**：用良好的土置换软弱不良土的方法。

（2）**排水工法**：在软弱地基中布置排水通道，缩短排水距离，加速固结沉降过程的方法。

黏性土地基处理方法 表 4.4

工法	工法概要	加固深度
堆载预压法	在软弱地基上预堆与构筑物同重或以上的荷载，待压密下沉完成后，卸去荷载，修建构造物	15 ~ 20m
排水砂井法	在排水路线上设置排水砂柱的方法，排水砂柱的设置方法有打入式、振动式、螺旋钻入式和袋装式等	15 ~ 30m
纸板排水法	在排水路线上设置带开孔的纸板用于排水的工法，施工速度快、造价低，也易于进行施工管理	15 ~ 20m

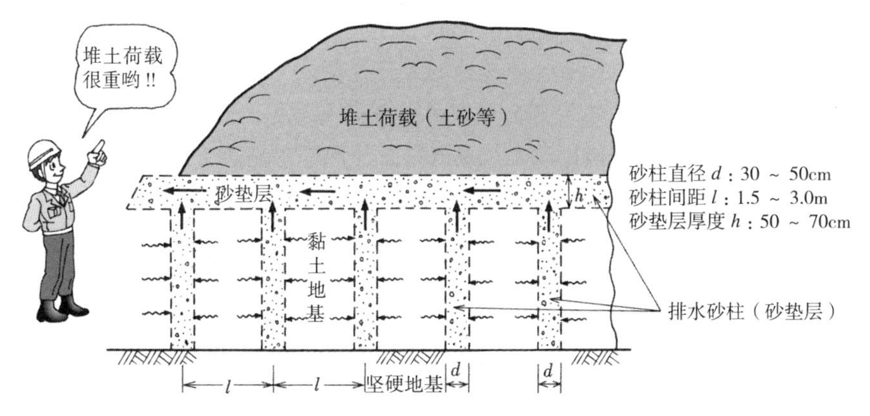

图 4.6 砂井排水工法

<重点>

（1）在地基处理中，应明确区分砂质地基和黏土地基处理方法的不同。

（2）**换填垫层工法**是用良好的土置换软弱不良土的方法。

（3）**纸板排水工法**是用宽 10 ~ 15cm、厚 5 ~ 10mm 左右的厚纸板代替砂柱插入土中，加速土固结的方法。

（4）**排水砂井工法、纸板排水工法**统称为**竖向排水工法**。

4 基坑支护及基坑开挖

基坑开挖时，为防止坑侧壁土砂滑塌而采取的支护措施

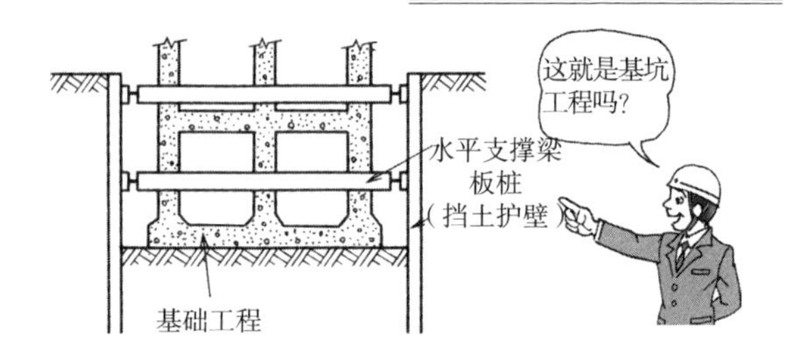

基坑支护及基坑开挖

（1）**基坑支护**是指进行地表面以下结构施工时，为防止基坑侧壁土砂滑塌而采取的**临时支护措施**。

（2）基坑的形状有槽型的**条状基槽**、柱下独立基础用**独立基坑**，以及在结构下整体开挖的**大开挖基坑**。

（3）大开挖基坑的施工方法是先将板桩打入地下，然后开始挖土作业。可分为全面开挖的**大开挖工法**、**筑岛开挖工法**和**开槽施工工法**。

基坑支护的方法及特点

（1）基坑支护方法：①**板桩支护**（钢板桩、混凝土板桩、木板桩），②**立柱加横挡板支护**（立柱的形式有H型钢、工字钢，横挡板为木板），③**地锚支护**（用地锚代替支护），④**地下连续墙支护**（排桩、地下连续墙）等。

（2）**支护工程**有**自立式**、**横梁支撑式**、**张拉杆式**和**地锚式**。

（3）基坑支护是**临时结构**，施工完成后需要拆除。

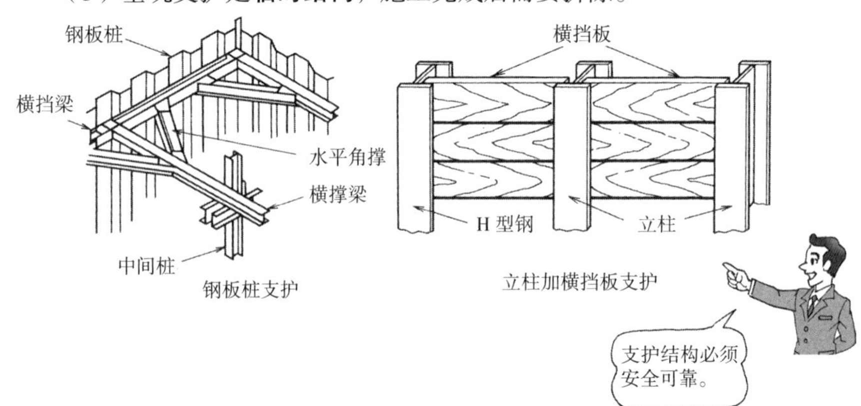

图4.7　支护结构示例

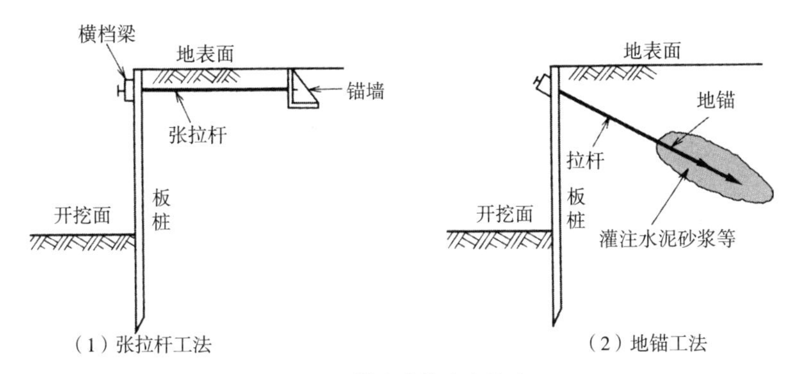

图 4.8 锚定式挡土支护法

挡水工程

（1）在水中施工基础时，与陆地一样采用水中挖土方法。此时需设置能足够抵抗**土压**和**水压**的**挡水围护墙（帷幕）**。

（2）挡土挡水围护墙在基础施工完成前发挥着抵抗水压和土压的作用。

（3）这类临时结构设置时应不妨碍基础施工，且基础施工完成后易于拆除。特别是挡水围护墙应能防止水渗漏。

隆起现象和涌砂现象

（1）**隆起现象**是指软弱黏土地基中，当背面的土砂质量大时，在挡土支护开挖底面发生隆起的现象。

（2）**涌砂现象**是指砂质地基中，当挖土标高低于地下水位时，在挡土支护开挖面出现土砂随地下水一起涌出的现象。

（3）当可能出现上述现象时，支护适合采用埋置深度大的**钢板桩支护方法**。

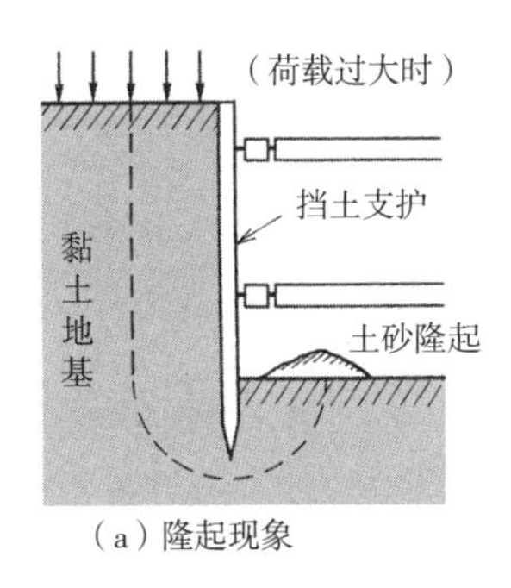

（a）隆起现象

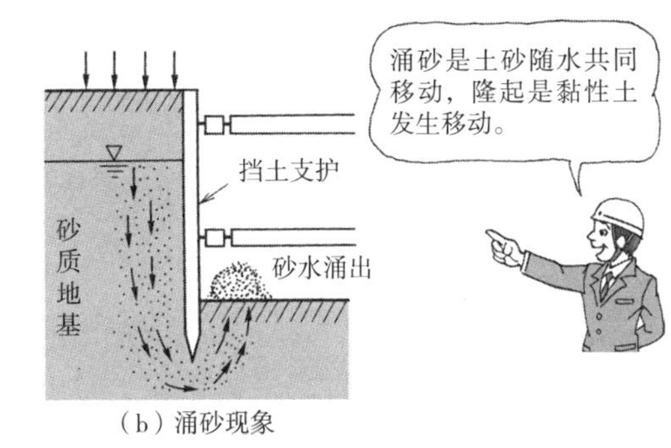

（b）涌砂现象

图 4.9

5 浅地基上的基础形式

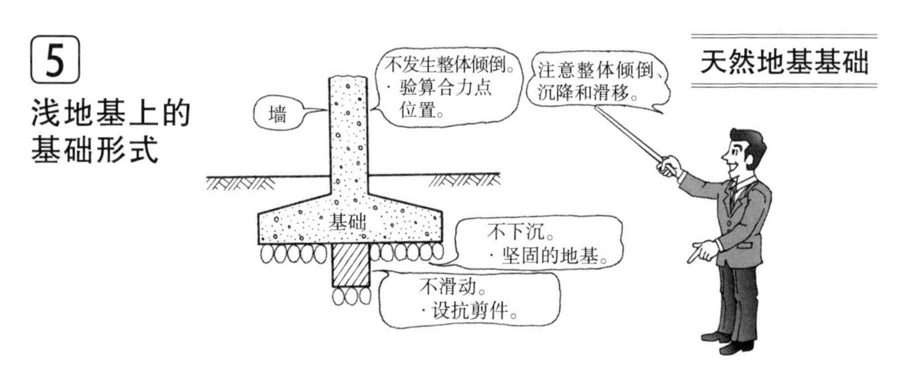

天然地基基础

（1）**天然地基基础**是将作用在结构上的荷载直接传至天然地基上的基础形式。

（2）**天然地基基础**又叫作**扩展基础**。基础的稳定条件有：①地基持力层稳定性，②抗滑移稳定性，③抗倾倒稳定性。

（3）扩展基础在结构上又可分为①**柱下独立基础**，②**十字交叉基础**，③**墙下条形基础**。其中，独立基础是最简单的基础形式。

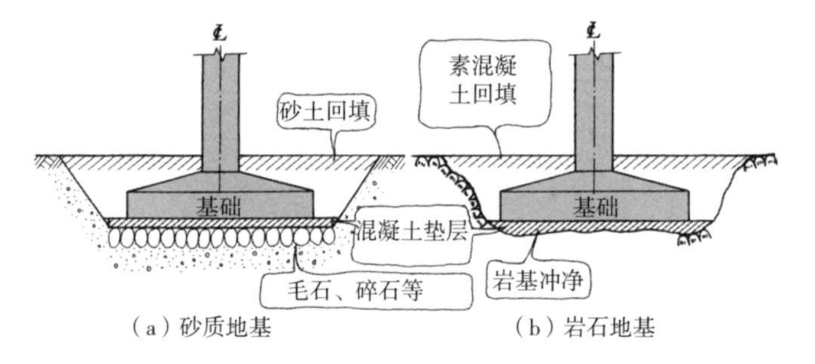

图 4.10　砂质地基和岩石地基上的基础施工（独立基础）

天然地基基础的条件和特点

（1）天然地基基础适用于地基持力层距地表 5m 以内，地下水容易处理的场所。

（2）天然地基基础具有以下特点：

① 由于持力层浅，可以通过肉眼，边对地质进行确认边进行开挖施工。施工可靠、经济性好。

② 在较浅处施工，容易判断地基承载力。

③ 施工时噪声和振动等公害较小，对周边建筑物的影响小。

④ 施工时需要的作业空间比其他工法小，可在狭窄受限空间里施工。

天然地基基础的施工方法　表 4.5

施工方法		特点
原土地基利用法	将现有土层铲平后直接作为地基使用	· 适用于地基条件良好时 · 适用于较轻建筑物 · 经济性好
开挖工法	用开挖工法挖至地基持力层	· 施工较简单 · 需要较大施工场地

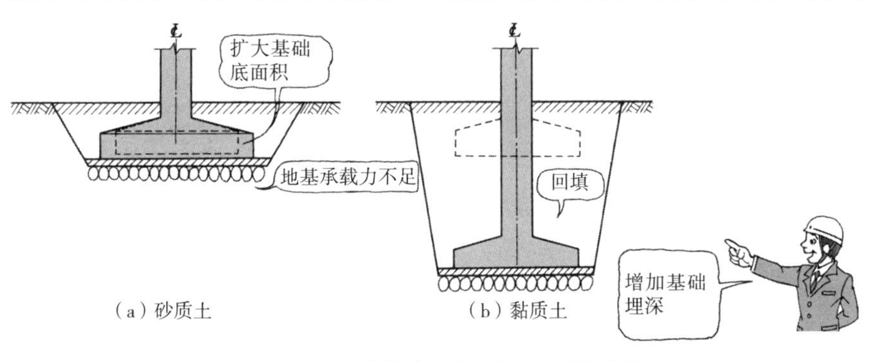

图 4.11　天然地基基础底面积和深度的变化

设计基本条件

（1）持力层稳定性　①基础底面的竖向地基反力不超过容许竖向承载力。

②当地基承载力不满足设计要求时，应调整基础底面积或基础埋入深度。

③当地基承载力不足时，对于砂质土采用扩大基础底面积，对于黏质土采用增加基础埋深的方法。

（2）抗滑移稳定性　①基础的水平抵抗力主要考虑与基础底面的摩擦力和基础埋入深度范围内基础前方的支承力。

②当可能发生滑移时，在基础底面设置凸起抗剪件。

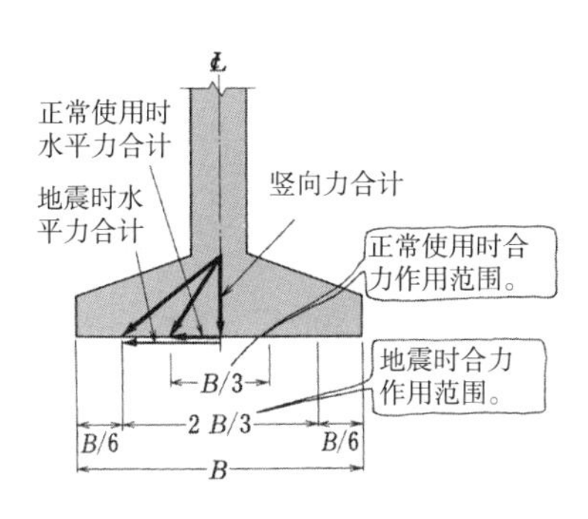

图 4.12　扩展基础的稳定性

（3）抗倾倒稳定性　如图 4.12 所示，作用在天然地基基础上的合力点位置，正常使用时应在基础底面宽度 B 的 1/3 范围内，考虑地震作用时，应在基础底面宽度的 2/3 范围内。

桩基础施工

6 桩基础分端承桩和摩擦桩两种形式

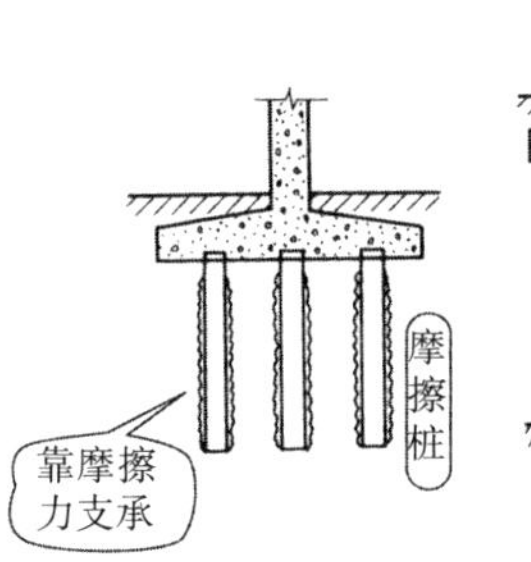

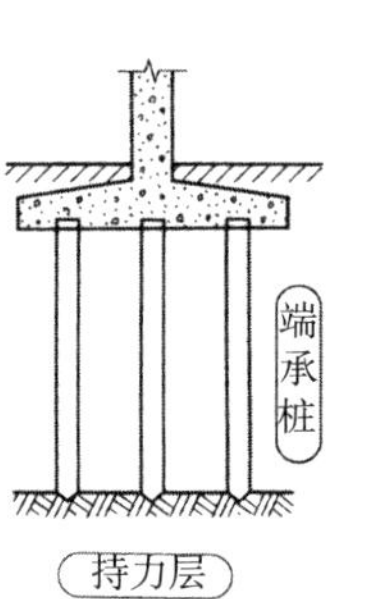

桩　基　础

桩基础是当地质条件较差、天然地基基础不能满足承载力要求时，采用的将上部结构的质量安全地传至底部持力层的深基础形式。按照受力原理可分为**摩擦桩**和**端承桩**。

端承桩是穿透软弱土层，利用深处的坚硬或较坚硬土层作为持力层，承担上部结构所有荷载的桩形式。**摩擦桩**是利用桩身与周边土的摩擦力承担上部结构所有荷载的桩形式，适用于持力层较深的情况。

桩按照施工方法可分为**预制桩**和**灌注桩**。

桩的成桩方法和工艺分类　　表 4.6

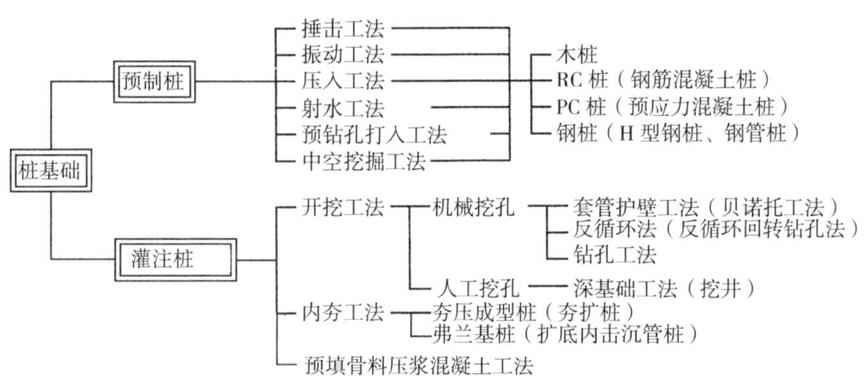

桩基础的特点

（1）当地基持力层深或持力层位置高低不均或地表面倾斜时，选用桩基础形式比其他基础形式更为有利。

（2）与沉箱基础比较，桩的可承受荷载小、刚度低，在水平力作用下变形大，但是竖向承载力高。

桩基础设计

桩的埋置深度根据形式不同而不同。

表 4.7 中列举的内容与**图 4.13** 中的标准有所不同，但是是以往的工程实例。

标准桩及摘要 **表 4.7**

桩种类（直径 cm）	容许竖向承载力（kN/m²）	标准长度（m）	摘要
RC 桩（30）	196 ~ 294	6 ~ 7	有实腹和中空两种截面形式
PC 桩（40）	392 ~ 588	7 ~ 8	以中空截面形式为主
H 型钢桩（宽 30）	294	15 ~ 25	有焊接和轧制两种产品
钢管桩（50）	980 ~ 1176	20 ~ 30	
灌注桩（100）	1960 ~ 2450	20 ~ 30	利用各种挖掘设备

（1）设计原则、荷载分配

①作用在桩基础上的荷载产生的各桩端反力、变形不得超过容许值。

②竖向荷载和水平荷载原则上都由桩身承受。

（2）桩布置与桩间距

①桩设计时，应考虑地震条件，对称布置。

②桩间最小中心距取桩直径的 2.5 倍。

（3）桩的容许承载力

桩的容许承载力 Q_a（kN）一般用下式表示：

$$Q_a = \frac{1}{F_s}(q_d \cdot A + U \cdot D_f \cdot f_s)$$

F_s：安全系数（各工程的取法不完全一致，一般取 3 ~ 4）。

q_d：桩端单位面积极限承载力（kN/m²）

A：桩端面积（m²）

U：桩的长度（m）

D_f：桩的埋入深度（m）

f_s：桩表面的最大摩擦力（kN/m²）

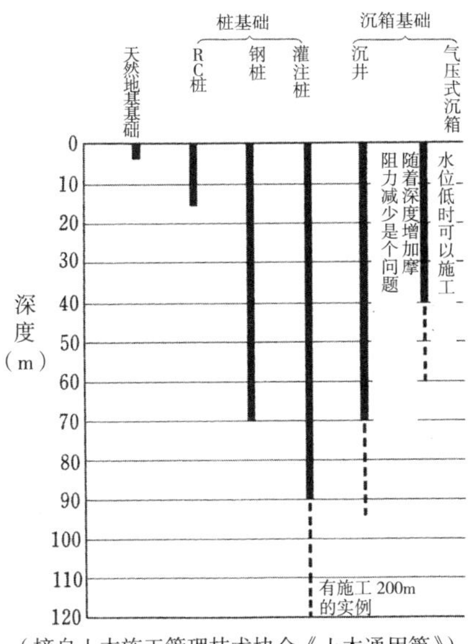

（摘自土木施工管理技术协会《土木通用篇》）

图 4.13 不同基础形式的施工深度

7 在现场将工厂生产的预制桩沉入桩位形成的桩基础

预制桩施工

预制桩施工

（1）**预制桩施工**是将预制的 **RC 桩、PC 桩、H 型钢桩和钢管桩**等打入土中形成桩基础的施工方法。

（2）预制桩工法自古以来被广泛采用。

（3）常用的施工方法有打入工法和振动工法。但近年来由于施工中的噪声和振动等施工污染问题，这两种工法在城市建设中已经很少采用。

（4）**无噪声和振动的施工方法**有**压入工法**和**射水工法**。

预制桩工法的特点

（1）预制桩在工厂制作，质量管理比较健全，所以产品品质的信赖度高。

（2）施工简单、速度快。

（3）易于进行施工管理，品质可靠、造价低。

（4）**《噪声限制法》**是针对建设工地噪声制订的管制标准，比如法规中要求在建筑红线处，**打桩作业**产生的噪声应小于 85 分贝。

（5）在需要进行噪声控制的地区，对每天的作业时间进行限制。限定的时间根据区域有 10 小时和 14 小时。

（6）应特别制订**安全措施**，防止打桩机倾覆等事故发生。

压入工法

压入工法是防止噪声和振动的施工方法，具体又可分为三种：①使用钻机等在桩位上预先钻孔，然后将预制桩沉入孔中的**预钻孔沉桩法**；②使用螺旋钻、铲斗等利用桩的中空部进行桩端冲挖，将预制桩压入的**中空挖掘法**；③使用高压水流通过射水管冲松桩端土层，将预制桩压入的**射水沉桩法**。

捶击工法

（1）利用落锤的冲击能量使预制桩沉到预定深度。落锤质量应根据桩的类型和土质条件选取，应控制在**桩质量**的 1 ~ 3 倍，常用**冲程**（落下高度）控制在 2m 以内。

（2）打桩顺序按照从中央向周边的原则，选用合适的落锤，**锤击次数：钢桩** 3000 次以下，**PC 桩** 2000 次以下，**RC 桩** 1000 次以下。

（3）在桩快到预定深度时，1 次的打击贯入量不能低于 2mm。

预制桩的沉桩方式和特征　　表 4.8

	捶击工法			振动工法	压入工法	喷射水工法
	柴油锤	气锤	落锤	振动锤	液压式	喷射
工法	利用柴油发动机的活塞打桩	利用蒸气压的活塞打桩	利用落锤的质量打桩	利用振动锤的上下振动打桩	利用液压千斤顶压桩	利用高水压掘进
噪声	大	大	大	小	无	无
振动	大	大	小	大	无	无
施工速度	快	快	慢	普通	普通	普通
特点	燃油费低、操作容易、机动性强	可调整捶击力	故障少	可打入拔出兼用，适用于软弱地基	可打入拔出兼用	可打入拔出兼用
缺点	软弱层不宜启动	会起火星、冒煤烟	宜偏心	需要电力设备（11 ~ 150kW）	只能用于直线部位	需要水设备

明白了，预制桩有很多种沉入形式！

现场接桩、桩头处理

预制桩现场接长，原则上采用埋弧焊接头。

（1）对 RC 桩，敲碎桩头，与承台的钢筋形成整体。

（2）对 PC 桩，进行补强；对钢管桩，直接截断后与承台浇筑成整体。

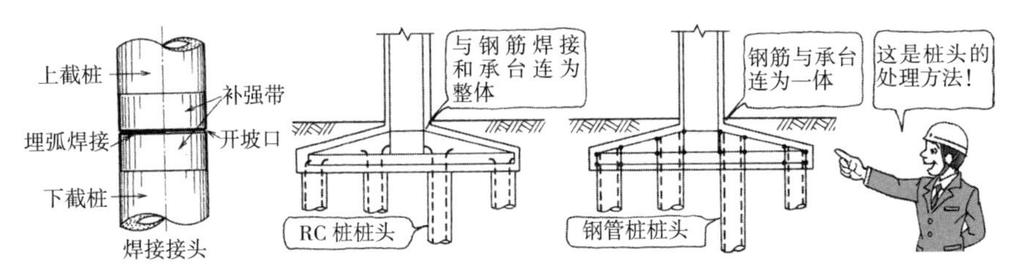

图 4.14　接桩

图 4.15　桩头处理

8 在桩位挖孔，孔内设置钢筋笼，然后浇筑混凝土的方法

灌注桩施工

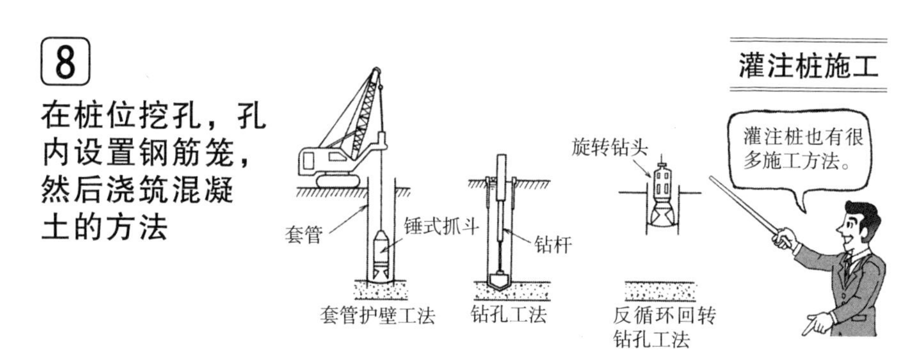

灌注桩施工

灌注桩施工方法是指在施工现场采用专用设备在桩位钻孔，孔内设置钢筋笼，最后浇筑混凝土的方法。现场灌注桩有人工挖孔的**深基础成孔工法**和机械钻孔的①**套管护壁工法**、②**钻孔工法**、③**反循环回转钻孔工法**。

（1）机械成孔

①**套管护壁工法（贝诺托施工法）**：通过机械振动将**钢套管**压入土中，用锤式抓斗等挖掘管内土砂并排出管外，直至到指定深度的成孔方法。

②**钻孔工法**是利用旋转铲的刀齿切削和破碎土块，然后用铲斗将挖松的土提升并排出管外的成孔方法。

③**反循环回转钻孔工法**是用反循环钻机（钻头）钻孔，掘松的土砂与循环水形成的泥水通过钻管排出的成孔方法。

（2）**人工挖孔**：**深基础施工法**，在进行特殊护壁处理的同时不断向深处掘挖，护壁原则上不拆除。

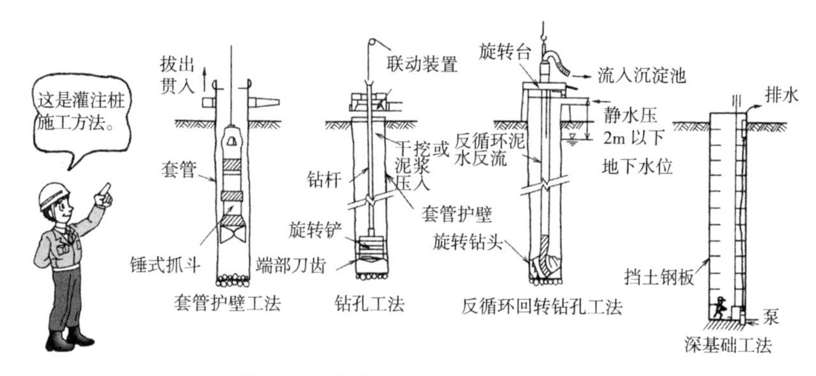

图4.16　灌注桩成孔方法和护壁形式

现场打桩各工法的比较（○：适合，×：不适合） 表 4.9

特性 \ 工法		机械钻孔法			人工挖孔法
		套管护壁工法	钻孔工法	反循环回转钻孔工法	深基础工法
主要挖掘方法		锤式抓斗	旋转铲	旋转钻头	人工
护壁方法		套管	干挖或泥浆压入	静水压	专用挡土钢板
桩径		80 ~ 200cm	80 ~ 120cm	80 ~ 200cm	140 ~ 300cm
极限深度		约 40m	约 60m	无淤泥时约 27m	约 30m
土质条件	黏土和淤泥层	○	○	○	○
	砂层	△	△	○	○
	砾石、卵石层	△	△	△	○
	碎石层	△	×	△	○
	软岩	×	×	×	△

各种灌注桩的特点及比较。

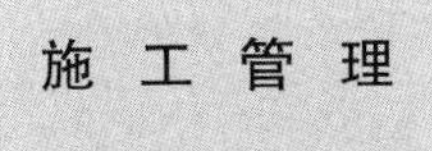

影响灌注桩质量的主要因素：①**孔底地基松软**，②**孔壁坍塌**，③**混凝土质量**。因此施工时应注意以下事项：

（1）孔底地基松软主要与地下水有关，因此应注意桩孔内外水位差的平衡。

（2）孔壁坍塌主要发生在钻孔工法中，因此应妥善管理防塌孔采用的稳定剂，并注意使用方法。

（3）混凝土浇筑前，必须用柱塞排干混凝土导管中的水分，以防止混凝土劣化。**水中混凝土**的标准配置为坍落度 13 ~ 18cm，**单位水泥用量** 370kg/m^3 以上，**水灰比** 50% 以下。

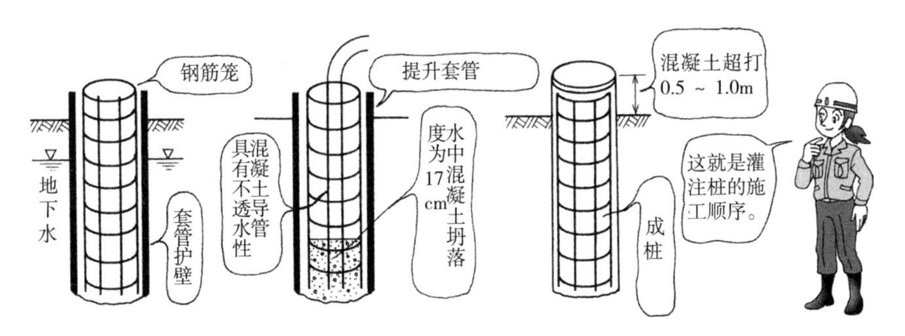

图 4.17 灌注桩施工

9 将无底的井壁沉入土层中形成基础的方法

沉箱基础

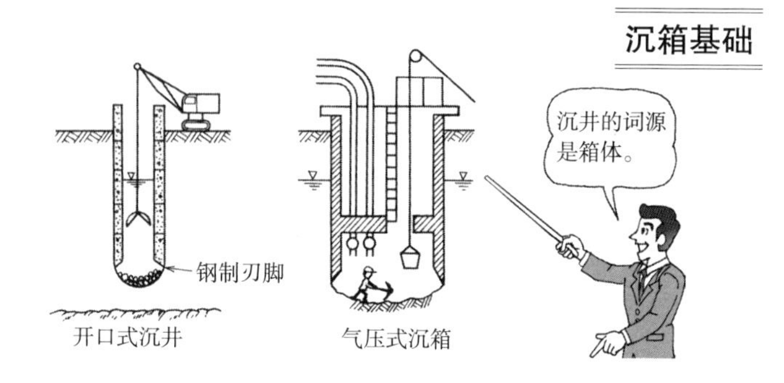

沉箱基础

（1）**沉箱基础**：首先在地面上制作钢筋混凝土井壁，然后在沉入土中的同时进行井内挖土作业至地基持力层，最后用混凝土或土砂等进行填心作业形成基础。

（2）沉箱基础根据施工工艺可分为无气压施工的**开口式沉井工法**，和边输送高压空气进行排水边挖掘的**气压式沉箱工法**。

开口式沉井工法

开口式沉井的施工顺序如下：

①在开口式沉井的底端装刃脚，在其上方绑扎第一节钢筋笼并支模板。

②浇筑混凝土，混凝土凝结硬化后拆除模板。

③开始挖土，沉入沉井。

④沉井封底，浇筑底板混凝土。

⑤用砂石料等进行填心作业，完成后，施工混凝土顶盖及上部工程。

（1）在设定位置将沉井垂直安放，采用抓铲式挖掘机，用铲斗等将井内的土砂挖出并使沉井下沉。

（2）在**下沉初期**特别应注意防止沉井的偏斜或水平错位。另外开挖量为沉井的下沉量，特别应避免刃脚下方的**超挖**使周围土发生松动。

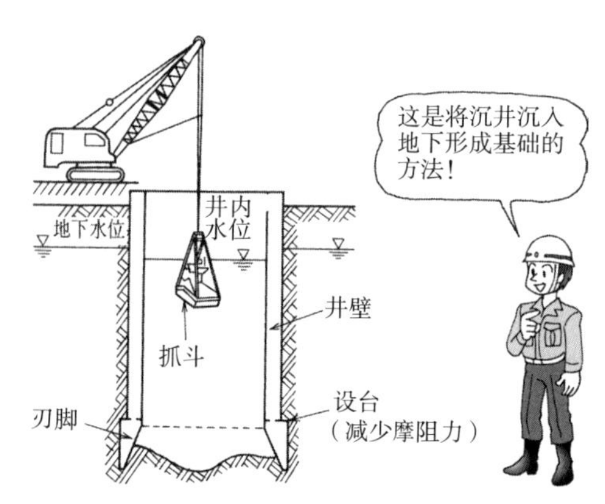

图 4.18　开口式沉井

气压式沉箱工法

（1）**气压式沉箱工法**是通过高压空气排水，然后进行人工挖土的作业方法。

（2）由于是人工作业，可以直接对地基情况进行确认，并易于排除障碍物。

（3）施工顺序：①修建作业室，②竖井，③气闸室，④送排气管，⑤动力装置，⑥挖土和沉箱下沉，⑦填筑混凝土料。

（4）由于是在高压环境下施工，应严格遵守《**高气压危害防治条例**》，保证施工安全。对沉箱病采取的措施：①**配备救援设备**，②**配置备用电源**，③**设置照明和通信设备**等。

开口式沉井与气压式沉箱比较 表 4.10

比较对象	开口式沉井	气压式沉箱
临时设备	比较简单	比较复杂、造价偏高
污染	基本没有	有的设备会产生噪声
对周围土的影响	地下水下降可能会使周围土松软	高压空气作用对周围土基本没影响
施工	施工深度可达到 60m，工期难确定	施工深度可达到 40m，可按一定速度进行沉箱下沉作业，工期容易控制

<重点>

（1）由于是人工井下作业，操作室的压力不能大于 0.4MPa。

（2）当空气中的氧气少于 18% 时，人会出现晕眩、呕吐等症状，少于 12% 时会死亡。

（3）应保证充足睡眠，酒后不能进入操作间。

（4）施工中，应采取充分换气、定时测量氧气浓度等保障措施。

（5）当下沉荷载小时，应清空作业人员，给操作室减压，采取排气下沉和强制下沉措施。

（6）**沉箱基础**与**桩基础**比较：①下部结构的刚度大，容易确认持力层，②设备复杂，造价增加。

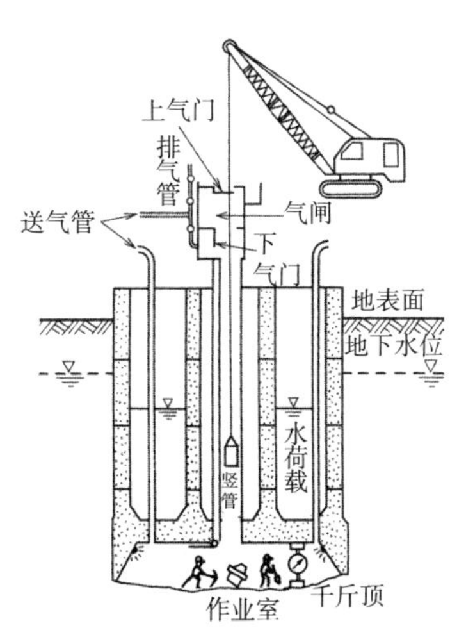

图 4.19 气压式沉箱

10 由混凝土或钢板桩构成的基础形式

板桩基础和特殊基础

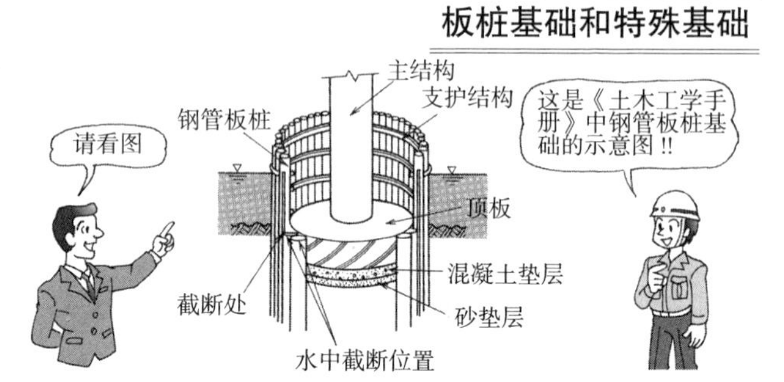

板 桩 基 础

（1）**板桩基础**是指在现场将用于挡土护壁的**钢管板桩**组装成圆形或椭圆形的封闭截面后，打入地下所形成的具有沉井特点的基础形式。

（2）板桩的刚度不仅是单个钢管板桩的刚度，而是组装后井筒整体的刚度，其结构介于桩基础和沉井基础之间。

（3）施工时不需要进行支护。由于钢管板桩既可以作为临时挡墙、同时又是基础，可认为是**临时支护兼用工法**。

（4）可以缩短工期，降低成本，施工时的安全性高。

（5）将所有钢管板桩打至持力层的井筒形式是钢管板桩基础中最常用的形式，应用也最广泛。

（6）基础的施工方法有①**下挂形式**，②**围堰形式**，③**临时围堰兼用形式**等。

（7）**平面形状**有圆形、椭圆形和长方形。

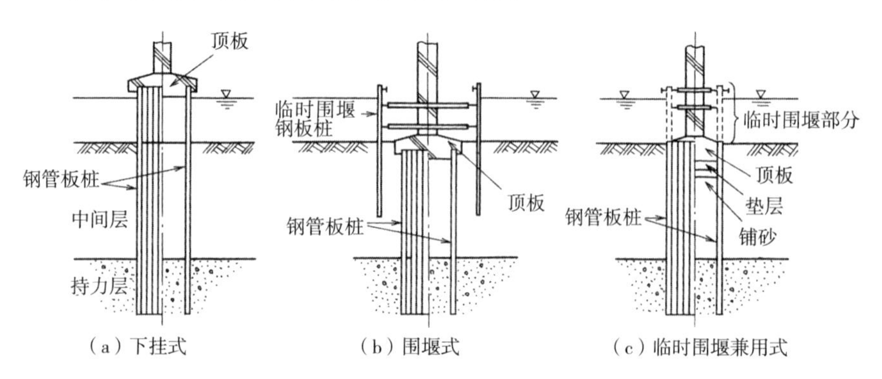

（a）下挂式　（b）围堰式　（c）临时围堰兼用式

图 4.20　板桩基础

板桩基础分类 表 4.11

各种形式	分类
支撑形式	井筒式、带支柱式
施工方法	下挂式、围堰式、临时围堰兼用式
平面形状	圆形、椭圆形、长方形

（8）施工时，一般采用振动锤将钢管板桩打入地下，打入时常设置定位架以保证形状。

特殊基础形式

特殊基础形式很多，这里简单介绍**桩沉井混合基础**、**预制沉井基础**和**群柱基础**。

（1）桩沉井混合基础

①在下部完成的桩上施工沉井，并使其与桩形成整体的**复合基础**。

②既具有沉井基础的刚度大、水平力作用下位移小的特点，又具有桩基础入土深度大的优点。

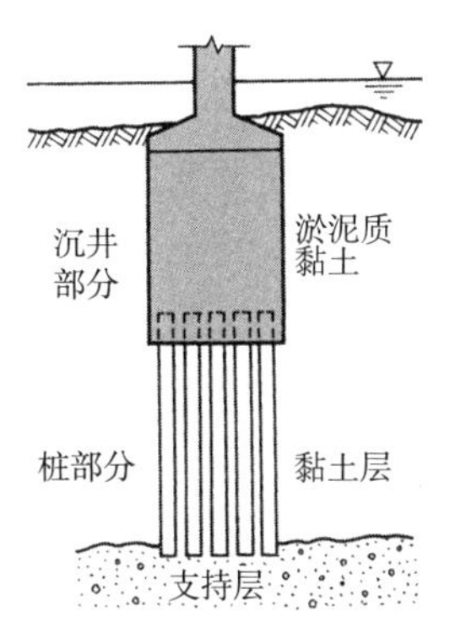

图 4.21 桩沉井混合基础

（2）预制沉井基础

①首先预制第一节混凝土竖井单元块，然后边在单元块中挖土，边利用设置的液压千斤顶将其压入地下；然后砌筑下一节混凝土竖井单元，并用 PC 钢棒与上一节预制块连接，导入预应力后张紧锚固；以此类推，最终形成预应力混凝土柱体。

②预应力混凝土柱体施工完后，施工混凝土底板，最后填入土砂心料，并与上部结构连为整体。

（3）群柱基础

①是将打入地下的大口径桩群，用顶板连为整体的基础形式（主要用于桥梁），可以在水深大、水流急的条件下施工。

②施工时只需要小型的机械或设备，工期短，施工安全性高。

图 4.22 群柱基础

11 地铁车站等有时采用地下连续墙基础

地下连续墙基础、托换工法

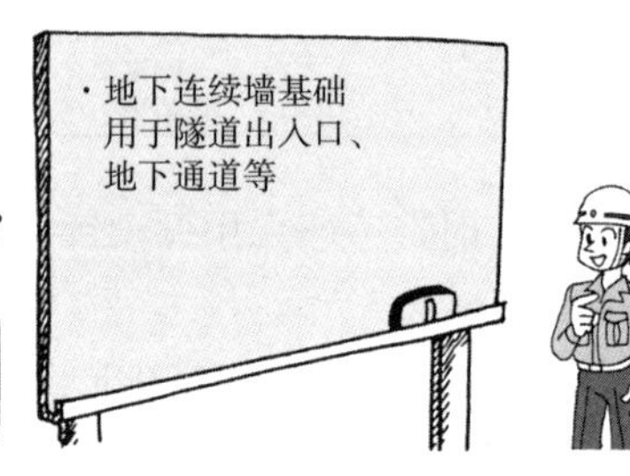

地下连续墙基础

地下连续墙基础是利用地下连续墙作为基础主体的结构形式。相邻墙体之间用专用接头连接，将灌注桩排列成墙体施工。

（1）形式

① 地下连续墙的基本平面形状有**墙与墙、墙与柱、柱与柱**的组合形式。地下连续墙为封闭形式时称为**井筒式基础**。

② 地下连续墙的上端用顶板连接形成的基础称为**墙式基础**。

（2）地下连续墙基础定位

① 进行基础设计时，一般**天然地基基础**按**浅埋刚性基础**、**沉井基础**按**深埋刚性基础**、**桩基础**按**深埋弹性基础**设计。

② **地下连续墙基础**和钢管板桩基础及大口径灌注桩基础一样，介于深埋刚性基础和深埋弹性基础之间。

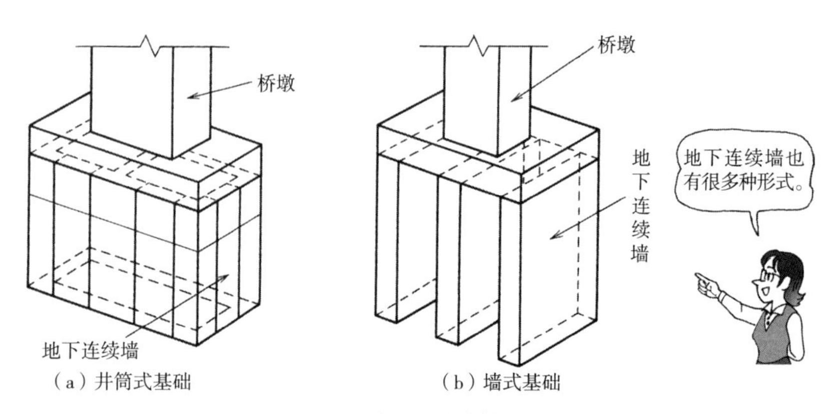

图 4.23　地下连续墙基础形状

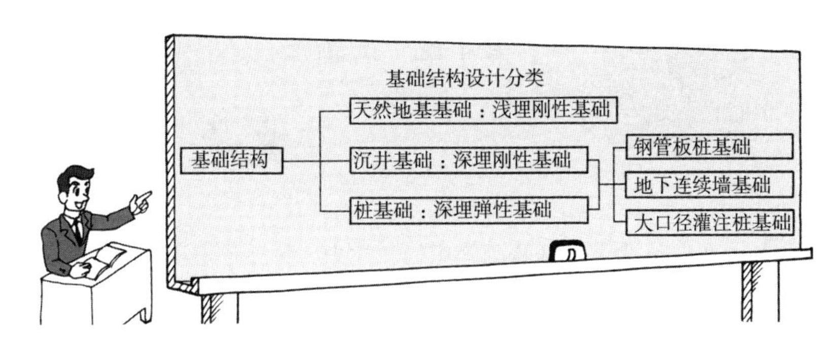

托 换 工 法

（1）托换工法是对既有建筑的基础部分加固或新增设基础时采用的修复加固方法。

（2）托换结构临时或半永久性地承受上方的荷载，不应产生不利的变形或沉降。

（3）基础加固是直接在原有基础上进行的，新设基础是新增设与原基础相同或不同形式的基础。

（4）**托换工法**主要用于以下情况：

①在原有建筑的地下或附近需要开挖、修筑新的结构物时。

②原有建筑物的基础承载力不足，或由于地基振动等使地质条件发生变化时。

③改扩建工程中原有设计条件发生变化，荷载增加时。

（5）施工中关键是作好监测管理工作，确保施工安全。要严格监控原有建筑物的倾斜、沉降和变形，以及对周边建筑的影响。

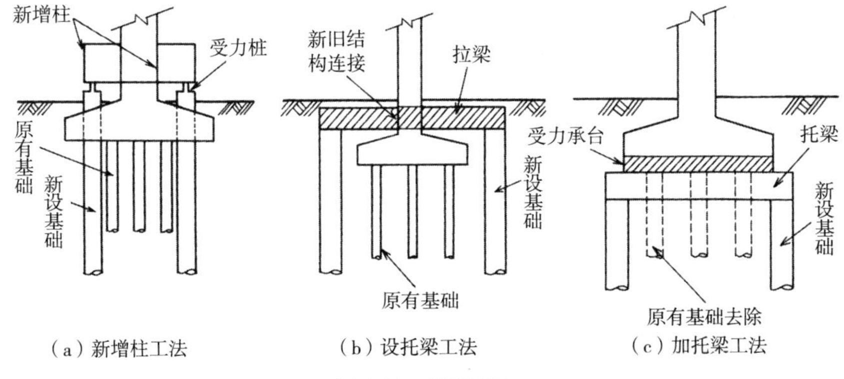

（a）新增柱工法　（b）设托梁工法　（c）加托梁工法

图 4.24　托换工法

第4章　问题

问题1　下列关于天然地基基础施工的叙述中，哪项是**不正确的**?

（1）基坑表面应平整使荷载能够均匀传递。
（2）基坑开挖完成后，应用塑料布等覆盖，以防止雨水等侵蚀地基。
（3）地基持力层为岩石时，对基础底面的超挖部分应用贫混凝土填平。
（4）当设置抗剪凸起件时，抗剪凸起件不能穿入地基持力层。

问题2　下列软弱地基处理“工法”及“工法说明”的组合中，哪项是**正确的**?

	工法	工法说明
（1）	排水砂井法	在土层中按一定距离布置竖向砂井，以减少水平方向的压密排水距离，加速下沉固结并提高承载力。
（2）	堆土法	在堆土侧的土层中打入钢板桩，以减少土层的侧向位移。
（3）	堆载预压法	在软弱地基上预先加载，使土压密下沉以减少地基的抗剪强度。
（4）	砂桩法	在地基土层中设置固结砂桩，不仅使软弱层密实，还可通过砂桩的支撑力提高地基稳定性并增加沉降量。

问题3　以下关于基坑开挖时采用的“支护方法”及“特点”的组合中，哪项是**正确的**?

	支护方法	特点
（1）	地下连续墙支护	施工时，噪声和振动大。
（2）	立柱加横挡板支护	具有止水性，施工容易。
（3）	钢管板桩支护	当地基变形存在问题时，不适合采用。
（4）	钢板桩支护	由于墙体具有可挠性，墙体容易产生变形。

问题 4　下列关于软弱地基处理的叙述中，哪项是**不正确的**?

（1）深层搅拌处理工法是指将石灰、水泥系稳定材料与软弱土混合，使软弱土的含水量降低、加速土固结的施工方法。

（2）堆载预压法是指在软弱地基上堆土预压，加速下沉固结的同时增加地基承载力的施工方法。

（3）铺砂垫层工法是指为了固结并形成上层排水层，在软弱地基上铺设 0.5 ~ 1.2m 砂层的施工方法。

（4）表层排水工法是指在堆土施工前的地表面挖排水沟以排除地表水，同时降低地基表层含水量的施工方法。

问题 5　下列关于预制桩施工的叙述中，哪项是**不正确的**?

（1）预制桩工法施工速度快、易于施工管理。

（2）预制桩工法与中空挖掘法比较，振动和噪声小。

（3）中空挖掘法与预制桩比较，对周边建筑物的影响小。

（4）中空挖掘法与预制桩比较，施工管理困难。

问题 6　下列关于预制桩施工的叙述中，哪项是**不正确的**?

（1）压入式方法适用于黏性土地基，其特点是低噪声、低振动，但压入设备体积大，移动性差。

（2）打入、振动施工法比沉入施工法更可靠，但施工中会产生噪声和振动。

（3）中空挖掘法及预钻孔施工法与打入、振动施工法比较，成桩的承载力高。

（4）射水工法是指在桩底端和桩侧边喷射高压水边成桩的方法，适用于砂质地基。

问题 7　下列混凝土灌注桩的“工法”、“护壁”和“挖掘方法”的组合中，哪项是**不正确的**?

	工法	护壁	挖掘方法
（1）	套管护壁法	套管	凿岩机
（2）	钻孔法	稳定液（膨润土）	桩位钻孔
（3）	泥浆护壁法	天然泥水	削孔机
（4）	深基础工法	护壁（衬板）	人工开挖

问题8　下列哪项器具与灌注桩施工**无关**？

（1）桩帽、缓冲垫

（2）竖管

（3）泥浆槽

（4）套管

问题9　下列关于气压式沉箱施工的叙述中，哪项是**不正确的**？

（1）与开口式沉井比较，机械电气设备中由于有送气设备，体积庞大，成本增加。

（2）施工人员可以直接进入作业室，所以能够直接确认地基的状况。

（3）由于是在高压室内作业，从健康管理的角度出发，施工最大深度以地下水位下30m为限。

（4）与开口式沉井比较，易发生因地下水位降低或隆起现象引起的喷砂等地基松动事故。

问题10　下列关于墩台天然地基基础施工的叙述中，哪项是**不正确的**？

（1）基坑开挖到计划土层后，计划土层有可能达不到设计承载力时，一般通过平板载荷试验方法确定地基承载力。

（2）墩台基础的持力层为砂质土时，一般 N 值大于20时为良好持力层。

（3）基坑开挖到计划土层未达到设计承载力时，可以继续挖土至较好土层，然后用混凝土进行置换。

（4）天然地基为岩石时，为使混凝土与地基之间有较好黏合，应进行适当粗糙处理以避免地基表面过于平滑。

问题11　下列关于地下连续墙施工的叙述中，哪项是**不正确的**？

（1）导墙起挖土的导向作用，相当于基准，并能承受钢筋吊篮或挖槽机械等重型设备的荷载。

（2）清槽底泥沙的初次处理应在开挖完成后立即进行，通常用含砂率指标进行管理。

（3）挖槽作业应根据土质的特点，在保证设定精度的基础上按适当速度进行。

（4）使用稳定液的目的是为了保证开挖时槽壁的稳定，可作为浇筑高品质水下混凝土时的良好的置换流体。

第5章　混凝土工程

近年来，修建了很多大跨桥、海上机场、海底隧道、超高层建筑、**智能化大厦**等现代化建筑。可以说绝大部分建筑都是由**混凝土工程、基础工程**和**土方工程**三部分组成的。最近，在混凝土工程中主要采用质量优良的**预拌混凝土，现场搅拌混凝土**已很少使用。

混凝土的运输工具有**混凝土搅拌运输车、混凝土泵车、混凝土灌注机**和**溜槽**等。

阪和机动车道（岸和田市~泉南市）

1 混凝土的运输、入模浇筑和振捣

运输、浇筑、振捣

混凝土运输

（1）运输**混凝土拌合物**时，应尽量避免**材料离析**、**坍落度降低**、AE 混凝土中**空气量的减少**。

（2）混凝土从搅拌完成到浇筑完毕的延续时间，室外气温高于25℃时不超过1.5小时，低于25℃时不超过2小时。

混凝土浇筑

（1）运输过程中，材料发生离析现象或搅拌后经过较长时间的混凝土，应进行二次搅拌后再入模浇筑。

（2）从高处用**溜槽**倾倒混凝土时，原则上应采用**竖向溜槽**，当只能采用**斜溜槽**时，在出料口应设挡板及**漏斗导管**以防止材料离析。另外**出料下端口**与浇筑面的高度取1.5m以下。

（3）每一区段的混凝土应连续浇筑，一次**浇筑厚度**不超过40 ~ 50cm。当浇筑层数为2层及以上时，应在下层混凝土初凝前浇筑。

（4）混凝土浇筑时，倾倒点应合理布置，避免在同一位置大量倾倒后用**插入式振动器**横向移动振捣。

图5.1 混凝土浇筑

混凝土泵车运输

（1）混凝土泵车水平输送距离约400m，竖向输送距离约50m。

（2）混凝土的适用坍落度为5 ~ 12cm。

粗骨料的最大尺寸和坍落度标准　　表 5.1

结构类别		粗骨料的最大尺寸（mm）		坍落度（cm）	
				一般混凝土	含高性能 AE 减水剂的混凝土
钢筋混凝土	一般情况	不能超过构件最小尺寸的 1/5 及钢筋最小间隙的 3/4	20，25	8 ~ 12	12 ~ 18
	断面大时		40	8 ~ 10	8 ~ 15
素混凝土	一般情况	不能超过构件最小尺寸的 1/4	40	5 ~ 12	—
	断面大时			5 ~ 8	—

（3）考虑到设备消耗或泵堵塞等原因，**单位水泥量**取 300kg/m^3 以上，**粗骨料最大尺寸**为 25mm 以下。

插入式振动器振捣

（1）采用插入式振动器振捣时，应将振动器竖直插入混凝土中并按一定间距进行振捣。

（2）振捣上一层混凝土时，应插入下一层 10cm 左右。振动器的拔起应缓慢进行，避免在混凝土中形成空洞。

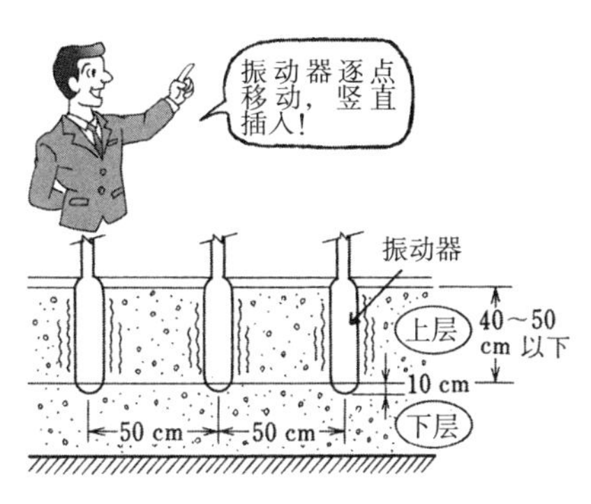

图 5.2　插入式振动器的使用方法

混凝土浇筑中和浇筑后出现水分上浮的现象称作**泌水**，这是造成混凝土强度、耐久性、水密性变差的原因之一。

浮　浆

（1）泌水引起的表面上浮的沉淀物质叫作**浮浆**。

（2）当旧混凝土硬化后浇筑新混凝土时，应除去旧混凝土表面的浮浆，冲洗干净并使其表面充分湿润，然后涂抹砂浆以保证新旧混凝土之间的黏结性。

混凝土施工缝

混凝土在浇筑过程中，由于某种原因浇筑中断或延迟浇筑时，会形成施工缝，这种缝也叫作**冷接缝**。

2

混凝土的接缝处理、养护、模板拆除

混凝土抹平、养护及拆模

接缝与混凝土抹平处理

（1）**混凝土接缝**有**水平接缝**和**竖直接缝**，应按图5.3的要求进行施工。

（2）**混凝土的接缝**影响**结构强度、耐久性和水密性**，并且影响观感。

（3）混凝土结构的外露面应进行砂浆抹面处理。这不仅仅是美观上的要求，而且可以增加结构的耐久性和水密性。

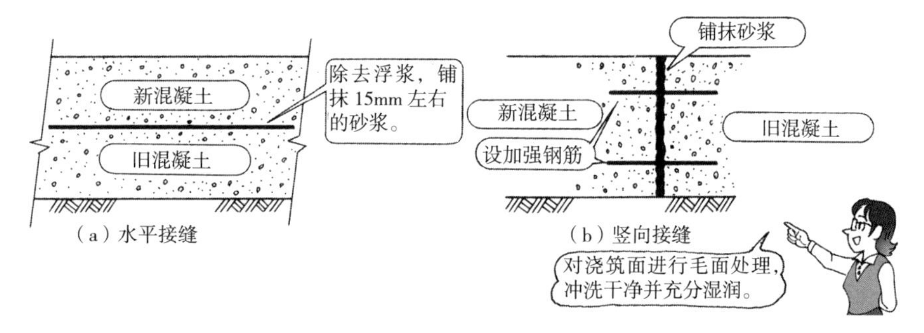

图5.3　混凝土接缝

养　护

（1）**养护**是指在混凝土达到一定强度前，保持适当的温度和湿度，防止撞击或过重的荷载作用，以促进混凝土的凝结硬化。

湿润养护天数　　表5.2

结构类别	使用水泥类别	湿润养护天数
无筋、钢筋混凝土	普通水泥 早强水泥	5日以上 3日以上
路面混凝土	普通水泥 早强水泥 中热水泥	标准14日 标准7日 标准21日
堤坝混凝土	普通、中热水泥 混合水泥	14日以上 21日以上

可拆除模板时的混凝土抗压强度参考值　　表 5.3

构件表面状态	示例	混凝土抗压强度（N/mm²）
厚构件的竖直面或接近竖直面、倾斜面、小拱的外侧	扩展基础壁侧面	3.4
薄构件的竖直或接近竖直面、斜率大于45° 的构件下侧、小拱的内侧	柱、墙、梁侧面	4.9
桥面、建筑等，坡度小于45° 的楼板和梁的下侧	板、梁的底面、拱的内侧	13.7

（修正为IS单位）　　（摘自《混凝土标准规范》）

（2）外露面要避免受到风雨霜冻侵蚀以及日光直射，防止发生干燥收缩裂缝。

模板拆除

（1）拆模时间和拆模顺序根据水泥种类、混凝土配合比、构造物种类和重要性等各不相同。

（2）**混凝土强度**一般随**龄期**（浇筑后的天数）的增加而增加，如条件允许，应尽量长期放置。

（3）**两端固定梁、框架、拱**等，可利用混凝土的徐变减少结构裂缝。

（4）在**模板和支护工程**中，考虑到混凝土自重下的沉降和变形，可适当设置加高余量。

模板拆除注意事项

（1）不应在结构未达到足够强度前拆除模板或挡板。

（2）防止结构在振动和冲击荷载作用下掉角。

（3）拆除模板后也应避免撞击，并保持**湿润状态**。

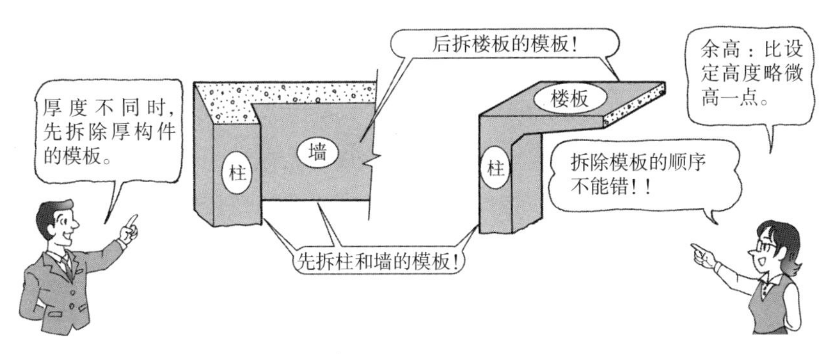

图 5.4　模板拆除顺序

3 气温低，严寒地区的混凝土施工

严寒气候混凝土施工

严寒气候混凝土

（1）**严寒气候混凝土**施工是指**日平均气温** 4℃以下的混凝土施工。

（2）**日平均气温** 4℃以下时，混凝土的凝结硬化反应明显延迟，混凝土可能会产生冻害。

（3）气温低时，对混凝土的强度、耐久性、水密性均会产生不良影响。

（4）在进行**严寒地区混凝土**施工时，应根据混凝土的种类、规模和气温，采取相应的措施，防止混凝土发生冻胀。

严寒地区混凝土施工方法　　表 5.4

气温	材料处理方法	施工措施
4 ~ 0℃	根据需要，对水或骨料进行加热	采取简单的保温措施
0 ~ 3℃	对水或骨料进行加热	进行适当的保温
–3℃以下	对水或骨料进行加热，提高混凝土的温度	进行适当保温、加热，使混凝土保持在需要的温度范围内

使用材料

（1）水泥采用**早强硅酸盐水泥**。

（2）混凝土采用掺有 AE 添加剂的 **AE 混凝土**。

（3）采用材料加热法时，应对水或骨料加热，绝对不能对水泥加热。一般情况下是对水进行加热。

（4）不能使用混入**冻结**或**冰雪**的骨料。

（5）气温在混凝土凝结硬化前降至冰点以下时，会产生冻结、膨胀等初期冻害，会对结构的耐久性和水密性带来极为不利的影响，造成施工隐患。

施　工

（1）在保证和易性的前提下，尽量降低**单位用水量**，减轻冻害影响。

（2）为了使水泥不至于快速凝结，加热材料应按以下顺序投放。

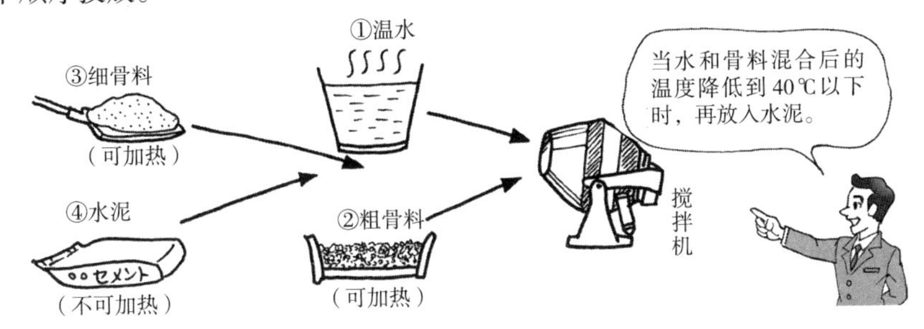

图 5.5　材料的投放顺序

（3）浇筑混凝土时的适宜温度为 5 ～ 20℃。

（4）当钢筋、模板上黏有冰雪或原混凝土施工面发生冻结时，应采取适当措施加热，使冰冻融化后再进行施工。

养　护

（1）混凝土浇筑完后，应采取保护措施防止初期冻胀。

（2）应采取措施防止寒风侵袭，保证养护温度在5℃以上（最好能保持在 10℃左右）。

（3）保温和加热养护完成后，突遭寒风侵袭会使混凝土表面产生裂纹。

施工注意事项

（1）施工完的结构应满足设计需要的**强度、耐久性**和**水密性**要求。

（2）在工程中的每个阶段，对于预估荷载都应具有足够的强度。

（3）在初凝硬化前不发生冻胀，在养护完成后对于**冻融作用**也具有足够的抵抗力。

达到抗压强度需要的养护时间

（《混凝土标准规范・施工篇》）　　　　表 5.5

结构外露状态 ＼ 养护温度 ＼ 水泥种类 ＼ 断面		一般情况		
		普通硅酸盐水泥	早强硅酸盐水泥、普通硅酸盐水泥＋早强剂	混合水泥B类
① 长期或者经常处于水饱和状态	5℃	9 日	5 日	12 日
	10℃	7 日	4 日	9 日
② 除①之外的一般外露状态	5℃	4 日	3 日	5 日
	10℃	3 日	2 日	4 日

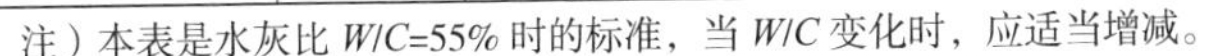
注）本表是水灰比 W/C=55% 时的标准，当 W/C 变化时，应适当增减。

4 温度高和炎热地区的混凝土施工

炎热气候混凝土施工

炎热气候混凝土

（1）炎热气候混凝土是指**日平均气温**25℃以上，或混凝土浇筑时气温超过30℃时施工的混凝土。

（2）**日平均气温**25℃以上时，混凝土浇筑时温度上升，单位用水量增加、强度降低。

（3）气温高时，混凝土的**和易性**和坍落度降低，浇筑完后，凝结过程过快、水化热上升、产生**冷接缝**等，会对混凝土的施工性能产生不利影响。

（4）**炎热气候混凝土**施工时，应采取适当措施降低混凝土温度。

（5）**炎热气候混凝土**施工，应特别注意对材料存放、搅拌、运输、浇筑、养护等各个环节的管理和施工。

使用材料

（1）炎热气候混凝土中采用的水泥、骨料、水等应尽量采用低温材料。

（2）水泥应采用**水化热**低的材料，还应减少**单位水泥用量**和单位用水量。

（3）粗骨料应放在阴凉处避免阳光直射，并采取洒水降温措施。采用冰水是降低混凝土温度的有效方法。

（4）在混凝土中掺缓凝**减水剂**、**AE减水剂**或**流化剂**等，是减少单位用水量的非常简单而有效的方法。

（5）使用材料的温度对混凝土温度影响很大，材料的冷却效果如**表5.6**所示。

使用材料的冷却效果　　表5.6

材料	降低温度（℃）	混凝土的降低温度
水泥	8	对应混凝土降低1℃时各材料需降低的温度，可以看出降低骨料温度的效果最好
水	4	
骨料	2	

各材料的温度按表中的数值同时降低，混凝土是否能降低3℃呢？！

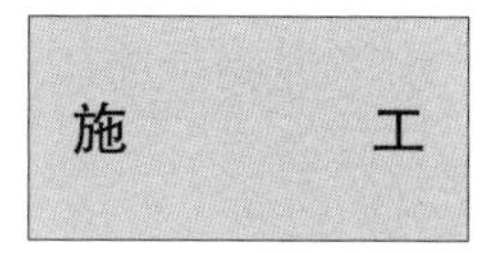

（1）高温地区浇筑**混凝土的适宜温度**为35℃以下，混凝土搅拌后应尽量在1小时之内浇筑，原则上不超过1.5小时。

（2）炎热气候混凝土的浇筑温度高会使混凝土的水量减少且**和易性**变差。遇到这种情况进行二次搅拌时，不能只加水，还应加**水泥浆**。

图5.6 混凝土浇筑

（1）当混凝土浇筑的气候条件为气温高、湿度低时，会使混凝土表面的水分迅速蒸发，容易产生裂缝、**冷接缝**。

（2）混凝土浇筑完后，为了防止干燥收缩，应立即开始**养护**以保护外露面。

（3）浇筑完后外露面最少要保证24小时湿润状态，养护最少要持续5天以上。

< 重点 >

（1）骨料的储存及堆放场应采取遮盖措施，使水、骨料、水泥冷却。

（2）应缩短混凝土的运输时间。

（3）混凝土浇筑作业尽量在夜间进行。

（4）浇筑完后，应进行遮盖，在保持湿润状态下进行养护。

图5.7 养护方法

水中及水面下混凝土施工

水下混凝土施工

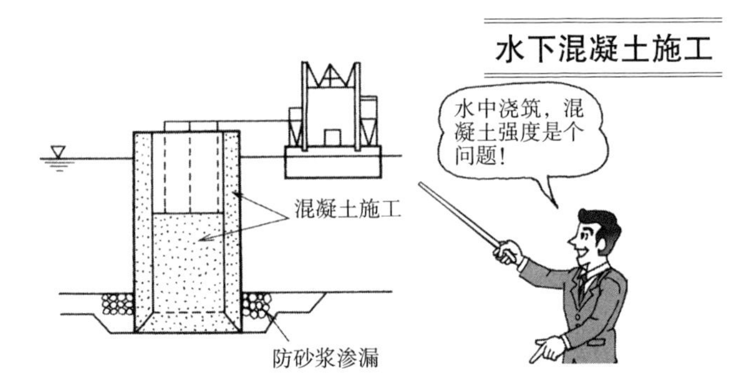

水下混凝土

（1）采用**水下混凝土**的结构有在水面下宽敞空间内浇筑混凝土形成的构筑物、灌注桩和地下连续墙等。

（2）水下混凝土浇筑施工与一般条件混凝土施工比较，混凝土强度显著降低，只有在不得已的情况下才会采用。**钢筋混凝土结构、混凝土坝**不会作为**水下混凝土**进行浇筑施工。

（3）水下混凝土浇筑有以下几种方法，一般采用**导管法**和**混凝土泵压法**，或者开底容器法和开底装袋法。

①导管法　　②混凝土泵压法

③开底容器法和开底装袋法　　④预填骨料压浆混凝土法

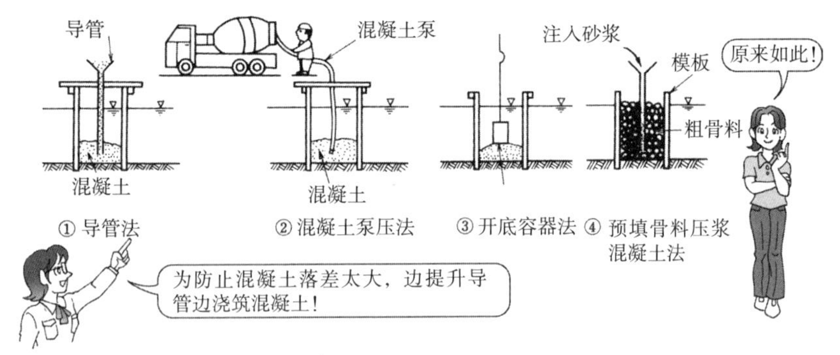

图5.8　水下混凝土的浇筑方法

（4）水下混凝土施工关键是减少材料离析现象，应采用黏结性和施工和易性好的混凝土。

（5）为了防止水泥流失和发生浮浆现象，混凝土浇筑作业应在静水条件下进行。

施工方法及坍落度等（《混凝土标准规范·施工篇》） 表 5.7

施工方法	导管法、泵压法	开底容器法、开底装袋法
坍落度（cm）	13 ~ 18	10 ~ 15
细骨料占比（%）	40 ~ 45	
水灰比（%）	50 以下	
单位水泥用量（kg/m^3）	370 以上	

（6）用导管法浇筑的水下混凝土，其抗压强度有时只是正常浇筑的 60%。

（7）为了保证混凝土强度及施工性能，应采用连续级配混凝土。

使用材料

（1）为了减少材料离析，应增加**单位水泥用量**，并增加**细骨料用量**（增加 3% ~ 5%）。

（2）水下浇筑混凝土，粗骨料的最大尺寸越大越容易发生材料离析。

（3）对于钢筋混凝土，标准要求**粗骨料的最大尺寸**为**钢筋净距**的 1/2 以下且不大于 40mm，实际中常采用 20mm 或 25mm。

（1）为防止未黏结水泥颗粒被水冲走，原则上采用**混凝土导管**或**混凝土泵**进行混凝土浇筑。

（2）混凝土在**静水中的浇筑落差**原则上为 50cm 以下。

（3）混凝土浇筑面应尽量保持水平，至设计高度或水面以上必须进行连续浇筑。

（4）应减少**浮浆**的发生。当一个区段浇筑完后，必须先除去这一区段的浮浆，然后再进行下一区段的混凝土浇筑。

（5）每根**混凝土导管**的浇筑面积不能太大（一般以 30m^2 为限）。**混凝土导管的内径**应为**粗骨料最大尺寸**的 8 倍左右。

（6）混凝土导管的内径与水深的关系采用**表 5.8** 中的经验值。

混凝土导管内径与水深的关系 表 5.8

混凝土导管的内径（cm）	水深
25	3m 以内
30	3 ~ 5m
30 ~ 50	5m 以上

预填骨料压浆混凝土

预填骨料压浆混凝土是指在模板中填入特定级配的粗骨料，然后用泵将专用砂浆压入其空隙而形成的混凝土，用于水下混凝土施工工程。

6

混凝土制品

由混凝土材料制成的工业产品

混凝土制品

（1）针对现在使用的**混凝土制品**，日本工业化标准（JIS）中有统一的规定。标准中规定了制品的**类别、形状、尺寸、制造方法、强度**以及**试验方法**等。

（2）工厂生产的制品主要有桩、板桩等施工中可能受到大冲击荷载作用或集中应力作用的构件。

（3）工厂生产的混凝土制品，根据其种类和用途的不同，应能保证所要求的强度、耐久性、水密性，保护其中的钢材，并满足其他需要的质量要求。

（4）**工厂生产的混凝土制品**，采用**14日的龄期**作为混凝土的抗压强度，抗压强度试验的**标准试件**为直径10cm、高20cm的圆柱体。

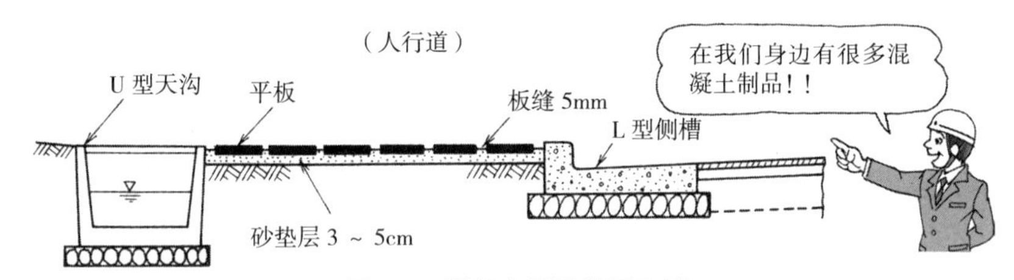

图5.9 混凝土制品使用示例

主要混凝土制品

（1）**道路用产品**：步行道用混凝土平板、U型钢筋混凝土槽、L型混凝土块及L型钢筋混凝土块、分界用预制混凝土块等。

（2）**管材类及其他产品**：钢筋混凝土管、离心式钢筋混凝土管、板梁桥中的预应力混凝土桁架梁、离心式预应力管、混凝土衬砌管片等。

（3）JIS中规定的混凝土制品规格示例如**图5.10**所示。该标准给出了所有混凝土制品的规格和尺寸。

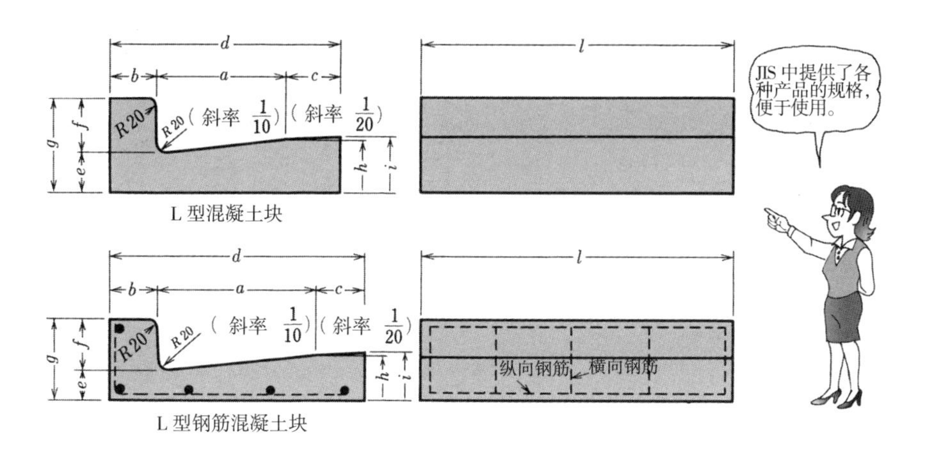

名称		尺寸（单位：mm）										钢筋			
												纵向钢筋		横向钢筋	
		a	*b*	*c*	*d*	*e*	*f*	*g*	*h*	*i*	*l*	直径（mm）	数量（根）	直径（mm）	数量（根）
L 型混凝土块	250A	250	100	—	350	75	100	175	100	—	600	—	—	—	—
	250B	250	100	100	450	75	100	175	100	105	600	—	—	—	—
L 型钢筋混凝土块	250A	250	100	—	350	55	100	155	80	—	600	4.0	4	4.0	5
	250B	250	100	100	450	55	100	155	80	85	600	4.0	5	4.0	5

图 5.10　L 型混凝土块及 L 型钢筋混凝土块（摘自 JIS）

材料、施工、养护

（1）水泥采用**普通硅酸盐水泥**，骨料采用品质好、细骨料级配好的材料。

（2）确定混凝土的**稠度**应考虑产品形状、尺寸、成型方法等因素，用**间歇式搅拌机**进行拌合。

（3）成型后用适当的机械振动方法捣固密实，并根据用途进行表面处理。

（4）成型后的混凝土应充分养护，防止低温、干燥、温度急剧变化、荷载、撞击等对其产生不利影响（脱模后也应进行养护）。

混凝土制品的特点

（1）材料、配合比、制造设备等，容易进行工程管理。

（2）由熟练工制造，易于保证质量。

（3）制品性能可以通过实物试验进行确认。

（4）可以实现机械化生产，提高生产效率，并可在室内生产。

（5）不需要现场养护，可缩短工期。

第 5 章 问题

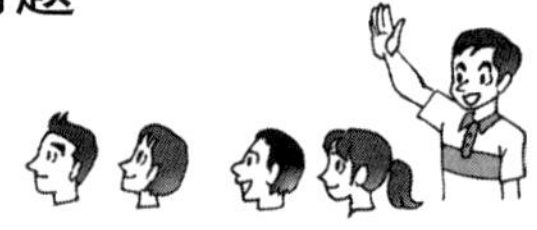

问题 1 下列关于水泥的叙述中，哪项是**不正确的**?

（1）使用高铝水泥的混凝土需要养护的时间很短。在冬季只需要几个小时就可以出强度。

（2）采用水泥中混合高炉矿渣的矿渣水泥可以抑制碱 – 骨料反应。

（3）使用粉煤灰水泥的混凝土，虽然和易性非常好，但干燥收缩和水化热大。

（4）水泥长期储存会产生风化现象。随着风化的进行，风化后的水泥增加了烧失量，比重减小，凝结变缓，不容易达到强度。

问题 2 下列关于混凝土骨料的叙述中，哪项是**正确的**?

（1）配合比设计中使用的骨料密度，是指绝对干燥状态时的密度，该值是衡量骨料硬度、强度、耐久性的标准。

（2）为了能更经济地得到需要品质的混凝土，骨料应选用标准级配范围内的骨料。

（3）粗骨料中，扁平形状和细长形状比圆形的好。

（4）细骨料是指粒径小于 5mm、质量 85% 以上的骨料。

问题 3 下列关于掺添加剂混凝土特点的叙述中，哪项是**不正确的**?

（1）使用减水剂的混凝土，和易性有所改善。

（2）使用 AE 剂增加空气量的混凝土，抗压强度降低。

（3）使用 AE 剂的混凝土，抵抗冻融性能降低。

（4）混凝土中粉煤灰掺入量增加，凝结变缓，初期强度降低。

问题 4 下列关于混凝土配合比的叙述中，哪项是**不正确的**?

（1）钢筋混凝土粗骨料的最大尺寸应小于钢筋最小间距的 3/4。

（2）在满足运输、浇筑和硬化的条件下，混凝土的坍落度应尽量减小。

（3）要求水密性的混凝土，水灰比的最大值为 55%。

（4）水灰比应取由混凝土的力学性能、耐久性、水密性决定的水灰比中的最大值。

问题 5　下列关于混凝土配合比的叙述中，哪项是**正确的**？

（1）浇筑构件的最小尺寸越小、钢筋布置的越密，混凝土的坍落度会增加。

（2）细骨料比 *s/a* 是指混凝土中，细骨料体积与粗骨料体积之比。

（3）抗压强度的离散率增加，强度的放大系数减小。

（4）搅拌混凝土的容积中计入添加剂的容积，不计入添加材料的容积。

问题 6　下列关于模板和支架的叙述中，哪项是**不正确的**？

（1）柱、墙等竖向构件的模板应先于板、梁等水平构件进行拆除。

（2）拆除完模板和支架后马上在结构物上加载时，必须考虑混凝土的强度、作用荷载的种类及大小等。

（3）拆除模板后，当固定模板的螺栓、钢筋头突出混凝土表面时，应将其截断至与混凝土表面平齐。

（4）混凝土在未达到支撑自重及施工中临时荷载的强度之前，不能拆除模板及支架。

问题 7　下列关于浇筑混凝土的叙述中，哪项是**正确的**？

（1）混凝土浇筑过程中由于表面上有积水，先用刮板清除后再继续浇筑。

（2）在浇筑混凝土过程中，将出现明显离析的混凝土重搅拌后进行浇筑。

（3）混凝土浇筑时，由 2m 高位置处自由落体式浇筑。

（4）在模板内，用振动器在浇筑的混凝土中横向移动。

问题 8　下列关于混凝土施工的叙述中，哪项是**正确的**？

（1）现浇混凝土捣固中使用的振动捣固机，原则上采用外部振动器。

（2）混凝土浇筑前，应事先对模板表面进行干燥处理。

（3）直接在地面上浇筑混凝土时，应事先在地面上铺混凝土垫层。

（4）浇筑过程中出现明显离析的混凝土，可以二次搅拌后再使用。

问题 9　下列关于混凝土养护的叙述中，哪项是**正确的**？

（1）养护时的混凝土温度对水泥的水化反应影响很大。

（2）使用混合水泥 B 类的混凝土与使用普通硅酸盐水泥的混凝土比较，湿润养护龄期可以缩短。

（3）为了加快凝结硬化，浇筑后的混凝土可以直接在阳光下暴晒。

（4）外界气温高时，混凝土的初期强度增加快，长龄期的强度也有很大提升。

问题 10　下列关于混凝土水平接缝的叙述中，哪项是**不正确的**？

（1）施工混凝土接缝时，接缝处的混凝土的水灰比应大于使用混凝土的水灰比。

（2）平面接缝与模板的连接线尽量采用水平直线。

（3）在接缝处继续浇筑混凝土时，应清除已浇筑混凝土表面的水泥薄膜、松动骨料，并使其充分湿润。

（4）接缝应尽量设置在剪力小的位置。

问题 11　按照 JIS A 5308 购入预拌混凝土时，下列哪项与规定中的质量项目无关？

（1）水泥的种类

（2）水灰比的下限值

（3）骨料的种类

（4）粗骨料的最大尺寸

第 6 章　筑路工程

自古以来，路是人走出来的，由于人走得多了就形成了路。后来人类为了贸易、军事、祭拜等各种各样的目的开始修路筑路。那时，筑路的材料主要是石材，而现在多采用沥青和混凝土。

路面结构应能承受交通荷载，道路表面起着对路基的保护和加强作用，其材料常用沥青混合料或混凝土。修筑的路面必须平整，以保障机动车在行驶时的平稳性和舒适性。

（提供：日本铺道）

路床施工

1 地面的强度是多少

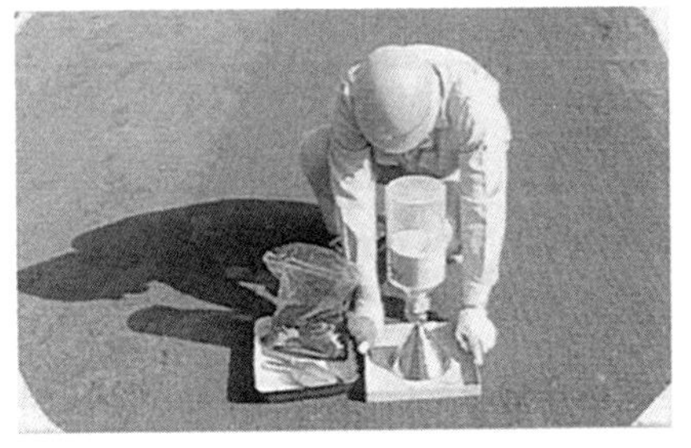

路面和路床

（1）路床是指路面结构下约1m的天然土部分。

（2）路面结构的总厚度由路床的强度决定。

（3）路床材料的强度通过**加州承载比（CBR）试验**求得，主要用于沥青路面厚度的设计。填方路床一层的摊铺厚度参考值为20cm。

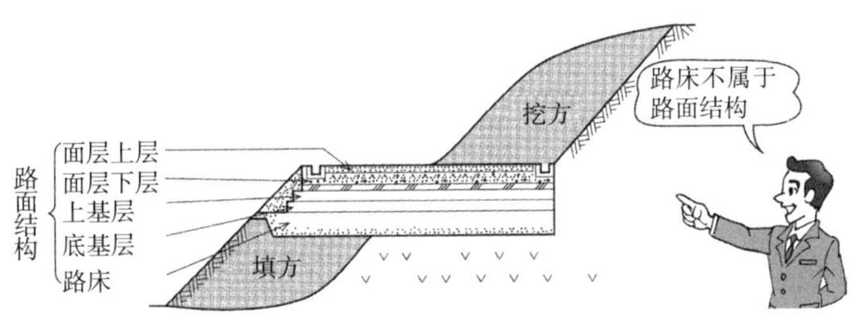

图6.1　道路剖面图

（4）路床承载力主要用于混凝土路面设计，其大小通过平板载荷试验确定。

（5）路床为软弱土时，应进行土基处理。

路床施工和路床加固处理

（1）**压实工法**：进行压实施工，直到**含水量**达到**最佳含水量**、土层达到**最大干密度**为止。黏性土无法降至最佳含水量，目标值取上述值的95%。

图6.2　路床的碾压状况

（2）**换填工法：**路床土质为软弱土时，应用良好土全部或部分置换原不良土。

水泥稳定土工法

水泥稳定土工法是指用水泥和路床土基混合形成稳定土层的施工方法，有时也掺入少量的**乳化沥青**。

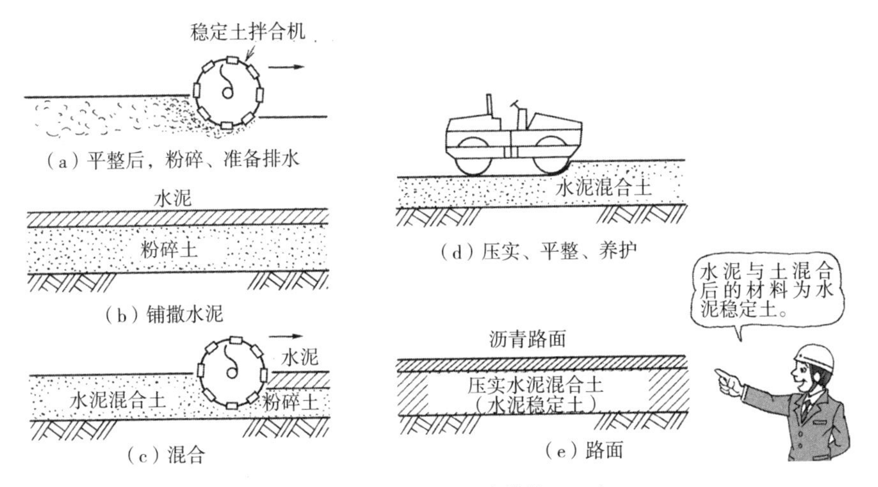

图 6.3　水泥稳定土工法的施工工序

稳定处理方法

（1）**掺石灰工法：**掺入石灰（适用于淤泥质土、黏质土）。

（2）**撒沥青工法：**撒乳化沥青（适用于砂质土、砾石土）。

（3）**注入药液工法：**在土中注入合成树脂、水玻璃、木质素。

<重点>

（1）根据路床土基的承载力确定从路表面到路床的路面厚度。

（2）土基稳定处理，以对象土达到最佳含水量、最大干密度为标准进行设计。

（3）了解 CBR 试验方法（参照 p.201）。

（4）填方、挖方完成后的施工基准面以下部分也称为路床。

2

基层做法

基层施工

沥　青　路　面

基层是承担**面层**传递的荷载、并将其扩散至路床的结构，一般可分为**上基层**和**底基层**两部分。

底　　基　　层

底基层材料采用施工现场附近易于买到的便宜的良质材料（修正 CBR20 以上）。

现场附近无良质材料可购买时，通过调整粒径、稳定处理方法进行压实，使土质达到修正 CBR10 以上。

面层上层
面层下层
沥青稳定层
上基层
级配碎石
底基层
碎石
5
10
15
25
55
（cm）

图 6.4　沥青路面构造

图 6.5　基层施工（级配碎石）

图 6.6　路面的实施状况

上 基 层

上基层采用调整粒径、用沥青、水泥、石灰进行稳妥处理等方法保证路基稳定。

施 工 方 法

用专用设备将碎石、炉渣、砾石、砂子等按适当粒度拌合，然后在现场利用自行式平地机、压路机进行施工。

混 凝 土 路 面

（1）**基层**应能支承混凝土板自重和交通荷载，并将其荷载扩散至路床上。

（2）混凝土路面施工时，基层厚 15 ~ 30cm 时一次摊铺，30cm 以上时分两次摊铺。

（3）**下基层材料**采用混砂砾石、砾石、砂砾和炉渣等。

（4）**上基层或一层材料**采用级配砂石、级配炉渣、水泥稳定材料等。

（5）与沥青路面比较，混凝土路面刚度大，对选材的要求没有那么严格。

①**混凝土弹性模量：**28 ~ 35GPa

②**基层材料弹性模量：**100 ~ 500MPa

（6）假定混凝土路面只在竖向受到支撑。

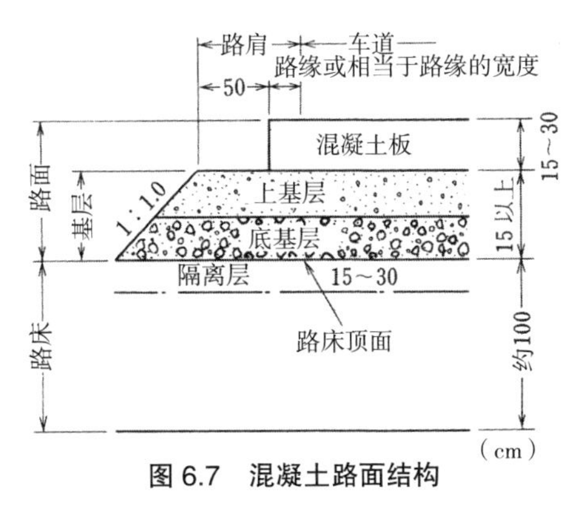

图 6.7 混凝土路面结构

图 6.8 基层施工（级配碎石）

3

沥青材料

沥青的种类比想象的多

沥青

沥青有**天然沥青**，有**石油沥青**，人们习惯上将后者称为沥青。沥青中还有常温下呈液态的**乳化沥青**。

（1）**直馏沥青**：从原油中提取，具有流动性和黏性，用于筑路工程，其实际中的应用最为广泛。

（2）**氧化沥青**：在原油精制后的残留物中吹入空气，通过化学作用使其稳定的富有弹性的材料，作为绝缘材料使用。

（3）**乳化沥青**：将微粒子状的软直馏沥青浸入水中得到的材料。当水分蒸发后，表现出沥青的性质。

（4）**预拌沥青**：可保存的沥青常温复合材料，随取随用。用于路表面的回填、凹坑填平处理等，非常便于使用。

直馏沥青与氧化沥青比较　　表6.1

类别	性质						用途
	密度	软化点	延度	针入度	黏结力	乳化性	
直馏沥青	1.01 ~ 1.04	35 ~ 60℃	100以上（25℃）	60 ~ 80	大	好	筑路工程
氧化沥青	1.02 ~ 1.05	70 ~ 130℃	10以下（25℃）	5以下	小	差	防水材料、接缝材料

骨料

（1）**粗骨料：碎石、高炉矿渣**等，未通过 2.36mm 筛的物料。

①5 号骨料（S–20）：最大粒径 20mm

②6 号骨料（S–13）：最大粒径 13mm

③7 号骨料（S–5）：最大粒径 5mm

（2）**细骨料**：海砂、碎砂，采用细骨料筛过筛。

砂子采用通过 2.36mm 筛孔的物料。

细骨料筛是指筛孔为 2.36mm 以下的筛。

（3）**填料**：石灰石粉末、氯化钙等采用通过 0.075mm 筛的物料。

（4）**配料**：粗骨料按粒度取 3 种

细骨料按粒度取 2 种

填料取 1 种，按一定的配合比拌合。

填料是石灰石粉碎后的粉末，其作用是为了提高混合物的稳定性和耐久性。

沥青混合料

（1）将沥青、骨料、填料（石粉）拌合并加热（140℃）得到的物料称为**沥青混合料**。

（2）沥青混合料的种类：

①粗级配沥青混合料

②密级配沥青混合料

③细级配沥青混合料

④开级配沥青混合料

< 重点 >

（1）**沥青**：固定路面用骨料。

（2）**乳化沥青**：使其浸透基层材料的缝隙，提高沥青和骨料的黏结力。

（3）其他沥青材料：**柏油沥青、轻制沥青**等。

4 承受沥青路面荷载的结构层

沥青混合料

面层下层和面层上层

（1）路面的磨耗层、面层下层和面层上层采用沥青混合料。

（2）沥青混合料面层只能抵抗剪力，抗弯能力很小，所以又叫作**柔性路面**。

（3）路面工程中使用的沥青材料又称为**沥青混合料**。

沥青混合料　表6.2

种类	用途	2.36mm筛通过率
开级配沥青混合料	用于磨耗层	15% ~ 30%
粗级配沥青混合料	用于面层下层	20% ~ 35%
密级配沥青混合料	用于面层上层	35% ~ 50%
细级配沥青混合料	用于面层上层	50% ~ 65%
密间断级配沥青混合料	用于面层上层	30% ~ 45%
细间断级配沥青混合料	用于磨耗层	45% ~ 65%

注）级配不连续的沥青材料称为间断级配沥青混合料。

半柔性路面

（1）在密度非常粗的沥青混合料的间隙中浸入富有高流动性的水泥浆液，既可以提高沥青路面的施工速度，又可以增加沥青路面的强度。这种路面被称为**半柔性路面**。

（2）这种路面具有优良的耐流动性、耐油性的特点，用于交叉路口和公交汽车站的路面。

（3）由于路表面被水泥浆覆盖，路面平整，用于有景观功能要求场所的路面。

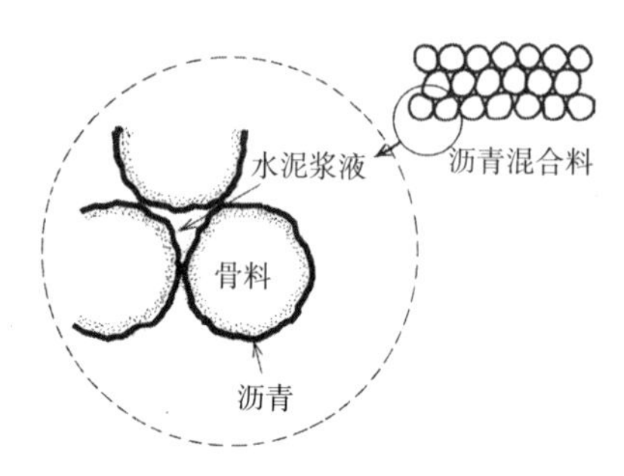

图6.9　半柔性路面

透水性路面

为了保护路面基层，一般路面面层不具有透水性。但设计步行道时，必须避免路面积水以方便路人行走。此时可以降低路面强度，采用渗透性好、密度非常疏松的沥青混合料，这种路面又称为**透水性路面**。透水性路面设计时必须考虑对基层的渗透水处理。

图 6.10 密级配沥青路面（左），透水性路面（右）

彩色路面

（1）施工时，在沥青混合料中添加颜料等着色材料，使其呈现出黑色以外颜色的路面。

（2）设计彩色路面主要是考虑路面与街巷色调的统一，以及美观和景观的要求，同时为了提升道路功能，也用于交通安全措施等。

（3）彩色路面用于具有美观要求的公园道路、散步游廊、公交车道等。

简易路面

（1）**碎石路面：**施工时在平铺的单级配骨料（碎石）上洒布沥青（乳化沥青）的方法。

（2）**封闭层：**为防止路面老化，洒布一层沥青后再铺撒一层砂子，最后进行碾压后形成的路面。

路面施工

5 热时软，冷时硬

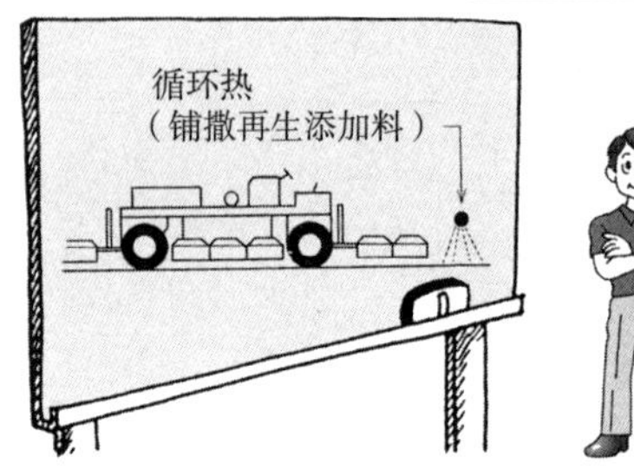

路面施工

沥青路面的质量受施工中骨料的干燥程度、温度控制、特别是固结温度的影响很大，应特别予以注意。

沥青路面施工工序如下：

（1）在**沥青搅拌站**生产沥青混合料。将沥青和按照设计级配调制的骨料一起加热至140～180℃并进行混合。

（2）沥青混合料用自卸式翻斗车运输，为了保温和防止杂物混入，应采取遮盖措施。

（3）为了方便洒布沥青，应保证沥青到施工现场的温度在110℃以上。

（4）在施工现场，先洒布乳化沥青直到覆盖住路面基层的骨料颜色，以保证沥青面层与基层的骨料良好结合，并应采取措施防止工程车辆对基层的破坏和水的浸入等，这层称为**透层**。

（5）为保证沥青面层下层和面层上层的黏接，在面层下层上洒布乳化沥青，这层称为**黏层**。

（6）用**沥青洒布机**进行沥青混合料的摊铺施工。

（7）用**碎石压路机**进行1～2遍初压，用**轮胎压路机**进行2遍复压，最后用**多轮压路机**进行终压。

<重点>

（1）初压温度为140～110℃。

（2）复压温度为90～70℃（通过洒水调节温度）。

（3）细部的施工，由人工采用振动压实机等进行。

图6.11　沥青路面施工

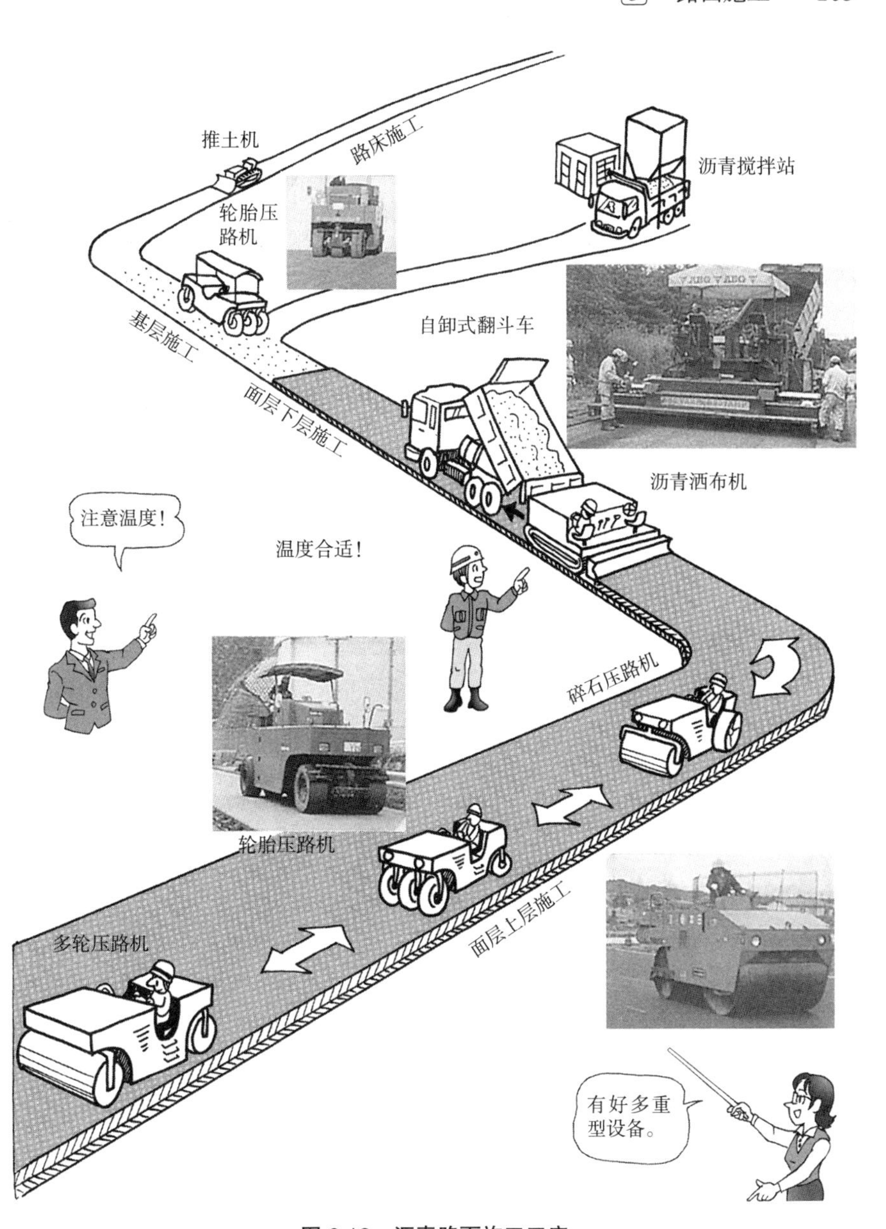

图 6.12　沥青路面施工工序

6

确定路面厚度!!

路面设计

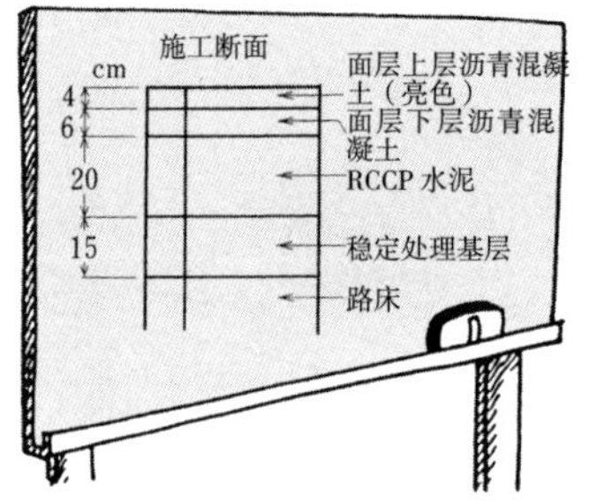

路面设计 T_A 法

(1)预估5年后大型车辆单日单向交通流量，确定交通流量类别。

交通流量划分 表 6.3

交通流量类别	L 交通	A 交通	B 交通	C 交通	D 交通
大型车流量 辆/(天，单向)	小于 100	100 ~ 249	250 ~ 999	1000 ~ 2999	3000 以上

(2)路床土基取样，求设计加州承载比(CBR)。

$$设计\ CBR = 各点\ CBR\ 的平均值 - \frac{CBR\ 的最大值 - CBR\ 的最小值}{C}$$

设计 CBR 时采用的系数(式中的 C 值) 表 6.4

样本数量	2	3	4	5	6	7	8	9	10 以上
C	1.41	1.91	2.24	2.48	2.67	2.83	2.96	3.08	3.18

(3)由路床土基的设计CBR和交通流量类别查目标值 T_A，确定路面总厚度。

T_A 和合计厚度目标值 表 6.5

设计 CBR	L 交通		A 交通		B 交通		C 交通		D 交通	
	T_A	合计厚度	T_A	合计厚度	T_A	合计厚度	T_A	合计厚度	T_A	合计厚度
2	17	52	21	61	29	74	39	90	51	105
3	15	41	19	48	26	58	35	70	45	83
4	14	35	18	41	24	49	32	59	41	70
6	12	27	16	32	21	38	28	47	37	55
8	11	23	14	27	19	32	26	39	34	46
12	—	—	13	21	17	26	23	31	30	36
20 以上	—	—	—	—	—	—	20	23	26	27

(4)根据交通流量类别，求面层上层和面层下层合计厚度的最小值。

(5)用目标值 T_A 减去面层上层+面层下层的合计最小厚度，所余厚度

面层上层 + 面层下层的最小厚度 表 6.6

交通流量类别	L、A 交通	B 交通	C 交通	D 交通
面层上层 + 面层下层的最小厚度（cm）	5	10（5）	15（10）	20（15）

注）( ) 内表示上基层进行沥青稳定处理时的最小值。

用等效换算系数分配给上基层和底基层。

（6）假定上基层和底基层的厚度，用下式计算 T_A，并使该值不小于上表的 T_A。

图 6.13 路面施工

$$T_A = \alpha_1 T_1 + \alpha_2 T_2 + \alpha_3 T_3 + \cdot\cdot\cdot\cdot\cdot + \alpha_n T_n$$

α_1、α_2、$\alpha_3 \cdot\cdot\cdot \alpha_n$：等效换算系数

T_1、T_2、$T_3 \cdot\cdot\cdot T_n$：路面结构层各层厚度

计算 T_A 时的等效换算系数 表 6.7

使用位置	工法、材料	等效换算系数
面层上层、面层下层	面层上层和面层下层用热拌沥青混合料	1.00
上基层	沥青稳定土 250 ~ 350kgf/cm^2（24.5 ~ 34.3N/mm^2）	0.55 ~ 0.80
	水泥稳定土 15 ~ 30kgf/cm^2（1.47 ~ 2.94N/mm^2）	0.55
	石灰稳定土 10kgf/cm^2（0.98N/mm^2）	0.45
	级配碎石、矿渣修正 CBR80 以上	0.35
底基层	砾石、炉渣、砂修正 CBR30 以上	0.20 ~ 0.25
	水泥稳定土 10kgf/cm^2（0.98N/mm^2）	0.25
	石灰稳定土 7kgf/cm^2（0.69N/mm^2）	0.25

例题 沥青路面厚度设计

已知交通流量类别 B，设计 CBR 6，上基层采用级配砂石（等效换算系数为 0.35），底基层采用砾石（等效换算系数为 0.20）。进行沥青路面设计。

（解）查表 6.5 得，T_A（目标值）21cm，合计厚度 =38cm

查表 6.6 得，面层上层 + 面层下层的最小厚度 =10cm

假定上基层为 20cm，底基层为 30cm

合计厚度 H=10+20+30=60cm> 目标路面厚度 38 × 4/5=30.4cm

T_A=1.0 × 10+0.35 × 20+0.20 × 30=23cm>21cm

根据以上计算，假定成立，设计见图。

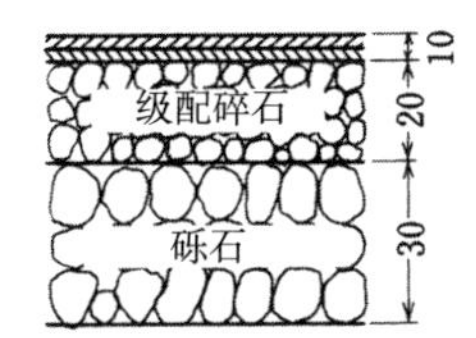

7 干硬性混凝土路面做法

混凝土路面

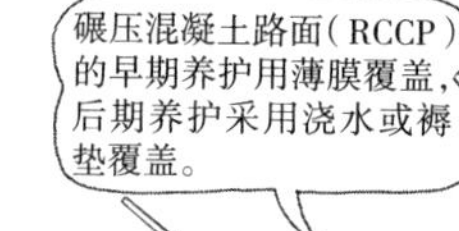

配合比、搅拌、运输

路面用混凝土采用坍落度 0 ~ 2cm 的干硬性水泥混凝土。

（1）无坍落度时，在施工工地采用混凝土**稠度**试验、**贯入**试验，在工厂采用振动台式稠度测量仪（下沉量（秒））测量。

（2）搅拌一般在**混凝土搅拌站**进行。

道路路面混凝土标准配合比　　表 6.8

设计标准受弯强度（MPa）	单位用水量（kg）	单位水泥用量（kg）	粗骨料的最大直径（mm）	坍落度（cm）	空气量（%）
				下沉量（S）	
4.5	115（砾石）	280 ~ 350	40	2.5	4
	130（碎石）			30	

图 6.14　振动台式稠度测量仪

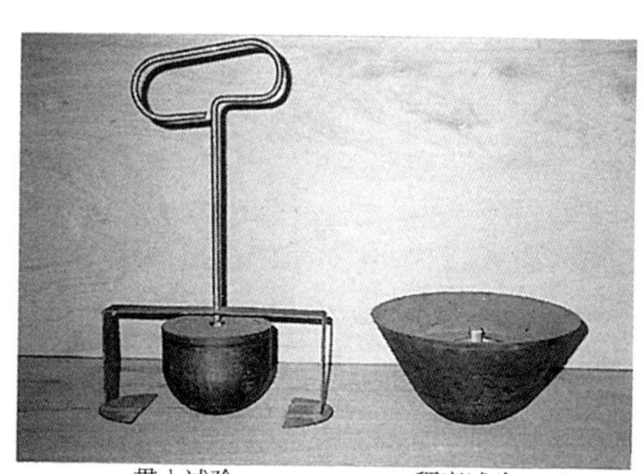

图 6.15　贯入试验与稠度试验

（3）运输一般采用**混凝土搅拌车**，应注意防止雨水等流入车内。运输时间控制在 1 小时之内。

RCCP 工 法

（1）RCCP 工法是沥青混凝土路面的施工技术，可得到混凝土路面的耐久性能，广泛应用于重载交通道路、机场地坪、高速公路收费站附近的路面，以及集装箱堆放场、货运站等的地面。

（2）**碾压混凝土路面**（Roller Compacted Concrete Pavement），是用沥青滚平机将比普通混凝土含水量明显少的干硬性水泥混凝土摊铺在路面基层上，然后用压路机碾压密实的路面。

（3）该工法因为用于空军基地的飞机跑道而备受关注，可用于防止大型车辆急刹车对路面的波状破坏。

RCCP 工 法 的 特 点

（1）施工速度快。

（2）施工后，可以快速开放交通投入使用。

（3）与传统混凝土路面比较，价格低廉。

（4）采用的混凝土配合比如下：

①**粗骨料最大尺寸**：20mm

②**单位用水量**：95 ~ 115kg

③**水灰比**：35% 左右

④**水泥种类**：普通硅酸盐水泥

图 6.16　RCCP 工法施工示例

8 将路表面整平是非常困难的

浇筑、整平

浇筑、整平

（1）**浇筑：**用**摊铺机**摊铺。

（2）**整平：**用**整平机**充分碾压。

根据需要可以在混凝土表面铺吸水垫，用真空泵吸出其中的水分，使混凝土在捣实的同时提高强度。

（3）**路面的最终处理：**清除完混凝土表面的水分后，用刷子等在混凝土表面进行刷毛处理以达到防滑的目的。

图6.17　摊铺机

（4）**切缝：**因为混凝土在干燥时收缩，温度变化时会发生膨胀和收缩现象，所以应预先用切缝机在混凝土路面上切缝，并在缝中注入封堵材料。纵缝沿每条车道设置。

（5）**连续钢筋混凝土路面：**不设横缝，沿纵向连续布设钢筋，允许混凝土上出现细微裂缝。用这种方法铺设的道路开车体验好，在今后有普及的趋势。

图6.18　整平机

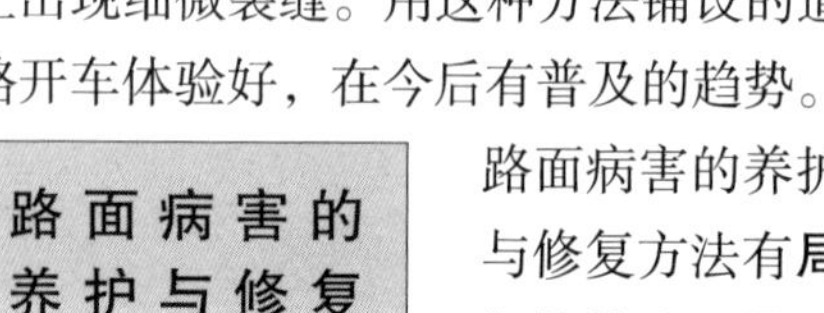

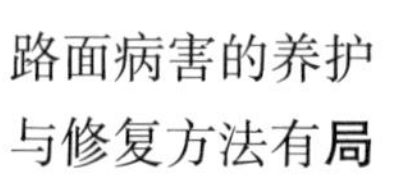

路面病害的养护与修复

路面病害的养护与修复方法有**局部修补法、覆盖法和置换法**。

（1）**局部修补法**是指对局部裂缝、坑槽、高差等用路面材料进行修补的应急处理方法。

（2）**覆盖法**是指在原有路面上洒布黏结剂后，再铺盖一层沥青混合料的处理方法。

（3）**置换法（路面面层再生工法）**是指铲除损坏层后重新修筑面层的方法。

（4）应根据现场的实际情况决定修复方法，尽量避免影响交通并确保安全。

路面面层再生工法

当路面出现滑塌、磨损、劣化、裂缝等病害时，应进行修复并恢复原状。采用**置换法**修复路面，一般按以下工序进行。

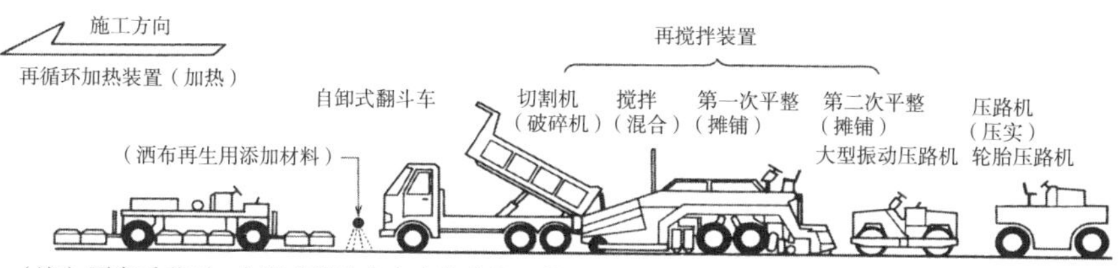

（注）严寒季节时，自卸式翻斗车上应装载保温箱，对新生沥青混合料保温。

图 6.19　路面面层再生工法

图 6.20　再循环加热装置

图 6.21　再搅拌装置

第6章　问题

问题1　下列关于沥青路面工程的路床施工的叙述中，哪项是**不正确**的？

（1）为了不使挖方路床的支承力降低，应先清除地面下30cm范围内的树根、石子等，然后进行平地作业。

（2）填方路床每层摊铺平整后的厚度应不大于20cm。

（3）挖方路床为黏性土或高含水量土时，应增加碾压次数。

（4）进行土基稳定施工时，铺撒稳定材料之前，应先进行平地作业或根据需要设置临时排水沟等。

问题2　下列关于沥青路面工程的面层下层施工的叙述中，哪项是**正确**的？

（1）沥青底漆具有使面层下层地表水加速蒸发的作用。

（2）施工完沥青底漆需要开放交通时，必须在其表面铺撒沙子。

（3）洒布沥青底漆是为了增加面层下层和面层上层的黏结力。

（4）沥青底漆一般采用乳化沥青（PK–3）。

问题3　以下关于沥青路面工程的黏层施工的叙述中，哪项是**正确**的？

（1）黏层施工时，下层干燥会影响黏层的黏结性能，因此施工前应确认下层的湿润状况。

（2）黏层施工过程中，即使天气下雨也可以继续施工。

（3）黏层用沥青材料，生产后超过60天仍可以继续使用。

（4）黏层用沥青材料一般使用石油乳化沥青（PK–4）。

问题4　以下关于沥青路面工程的上基层施工的叙述中，哪项是**不正确**的？

（1）石灰稳定土基层的压实，可以不采用最佳水灰比控制，而在干燥状态下进行。

（2）级配材料的摊铺作业，应防止材料分离，同时均匀摊铺并压平。

（3）水泥稳定基层的压实作业，应在开始硬化之前完成。

（4）沥青稳定基层材料的摊铺作业，一般采用沥青碾压机进行。

问题 5　以下关于道路的路床施工和基层施工的叙述中，哪项是**不正确**的？

（1）填方路床每层摊铺压实厚度一般为 30cm 左右。

（2）挖方路床中，当在地面下 30cm 范围内存在明显影响路床平整性的树根、滚石及其他有害物质时，必须清除干净后再进行平地作业。

（3）填方路床施工完后，宜在填方顶边缘处设置临时排水沟以排出雨水。

（4）路床或路面基层（沥青稳定基层除外）的摊铺施工，一般采用推土机或自动平地机进行。

问题 6　以下关于沥青路面工程的底基层施工的叙述中，哪项是**不正确**的？

（1）底基层用材料，一般选用工地附近易于购入的经济性好的物料，同时应兼顾考虑基层再生材料的有效利用。

（2）采用石灰稳定土工法比水泥稳定土工法更早达到强度，并且有更好的耐久性和稳定性。

（3）水泥稳定土工法，通过在基层材料中添加水泥，有增加基层强度和提高不透水性的效果。

（4）粒状混合料基层施工时，应防止物料分离，每层平铺标准厚度不超过 20cm。

问题 7　以下关于沥青路面工程的上基层施工的叙述中，哪项是**正确**的？

（1）基层采用水泥稳定土时，应在稳定土硬化后进行碾压。

（2）基层采用级配调整材料时，一般采用羊角碾压路机碾压。

（3）基层采用常规的沥青稳定土时，每层摊铺压平厚度一般为 20cm 左右。

（4）基层采用石灰稳定土时，应在比最佳含水量略高的湿润状态下进行碾压施工。

问题 8　以下关于沥青路面工程的养护修复工法的叙述中，哪项是**不正确**的？

（1）覆盖工法是指在原有路面上，铺筑一层厚度 3cm 以上加热沥青混合料的施工方法。

（2）面层上层、面层下层置换工法是指沿着裂缝，将原有面层上层或面层下层剔除后重新修筑的方法。

（3）局部补丁法是指在较宽的裂缝中注入封堵材料的工法。

（4）切除工法是指将路面的凸起部分等铲除，消除不平和高差的方法。

问题 9　以下关于沥青路面工程的碾压压实作业的叙述中，哪项是**正确**的？

（1）碾压过程分为初次碾压、接缝碾压、二次碾压和最终碾压。

（2）初次碾压在沥青温度 70 ～ 90℃时进行。

（3）二次碾压采用 8 ～ 20t 的轮式压路机。

（4）最终碾压采用 10 ～ 12t 的羊角碾压路机。

问题 10　下列关于混凝土路面施工的叙述中，哪项是**不正确**的？

（1）混凝土路面的表面，最后应用刷子进行毛面处理。

（2）湿润条件下养护的混凝土抗弯强度，必须达到现场养护混凝土试件的需要强度。

（3）混凝土路面钢筋网的埋设位置宜在混凝土底面起板厚的 1/3 位置处。

（4）伸缩缝之间的混凝土板应连续浇筑。

问题 11　下列混凝土路面的路床施工的叙述中，哪项是**不正确**的？

（1）路床的承载力通过平板载荷试验确定，路床土基的强度特性由 CBR 试验确定。

（2）路床是决定筑路厚度的部分，是指基层下 1m 左右的土基部分。

（3）路床土基软弱时，应用换填法或土层稳定处理法进行路床加固。

（4）隔垫层是为了防止路床土渗入基层，在路床上铺筑的黏性土。

第7章　隧道工程

隧道工程是为了穿越山体或水底而修筑的通道，**通行用**隧道有**公路隧道、铁路隧道、公路铁路两用隧道**等，**通水用**隧洞有**通水隧洞**以及公用管沟等。根据建设位置的不同可分为**山岭隧道、海底隧道、城市隧道**等。断面形状多采用稳定性好的**马蹄形**。隧道施工方法可分为**山岭隧道工法、盾构机工法、明挖隧道工法、沉埋隧道工法、推进工法以及新奥工法**（NATM工法：The New Austrian Tunneling method）等。

近年来，隧道技术快速发展，为我们生活便利作出了很大贡献。

（提供：浅沼组）

1

隧道计划

关键是做好前期调研工作

隧道规划调研

（1）为了合理规划隧道位置、工期、造价、施工方法、施工机械用量等，并确保施工安全和保护周边环境，建设前必须进行方方面面的勘测调查工作。

（2）隧道建设的全过程，从规划、设计、施工到后期维护管理的各个阶段都是非常重要的。

隧道勘测调查内容　　表 7.1

勘测调查阶段	勘测调查内容
1. 初步勘测调查	现有资料、现场勘测、钻孔取样调查、弹性波探查（地形地貌、地质结构、岩质、地下水）、气象、环境、地下资源、古遗址等的勘测，然后决定最终线路
2. 详细勘测调查	设计和施工资料、电子探查、弹性波探查、钻孔取样调查、隧道试挖调查等
3. 施工前勘测调查	动植物的移动形态、物资运输路线、设施、换气方法、竖井位置、堆土场地、补偿问题、相关法规等的调查
4. 施工中勘测调查	涌水调查、先行导坑调查、地质调查、钻孔取样调查
5. 完工后勘测调查	交通流量、停滞情况、坑内换气、维修管理等调查

设　　计

以勘测调查结果为依据，根据使用用途，决定安全经济的隧道线路、坡度、断面形状，并进行隧道内部设计。

（1）线路形状：从施工、通风、交通安全方面考虑，隧道形状尽量采用直线或半径大的曲线。

（2）坡度：考虑施工中和完工后的排水设置坡度。

①山岭隧道：面向出入口设置下行排水坡度，坡度为 0.1% ~ 0.5%。

②城市隧道：考虑排水的同时应尽量保持水平。

③海底隧道：从中央向两边设置排水坡度。

（3）**断面形状**：根据使用用途、力学特点和施工方法确定断面形状。

确定断面形状　　表 7.2

状况、施工方法	断面形状
保证建筑物的边界→	四边形
抵抗土压、水压→	圆形
考虑挖掘方向→	圆形、马蹄形
明挖法、沉埋法→	四边形
现实中→	常用马蹄形

隧道工程的附属设施

隧道工程的附属设施分为坑内设施和坑外设施。附属设施的布置对后期的工程进展有显著影响，所以设置时应特别慎重。

（1）**坑内设施**：照明（施工期间 → 探照灯、白炽灯；完工后 → 钠灯）

换气（送气式、排气式、送排气两用切换式）

排水用压缩空气等设施

（2）**坑外设施**：控制设备、电气设备、给排水设备、换气设备、机械设备、混凝土设备、仓库、渣土堆场等设施。

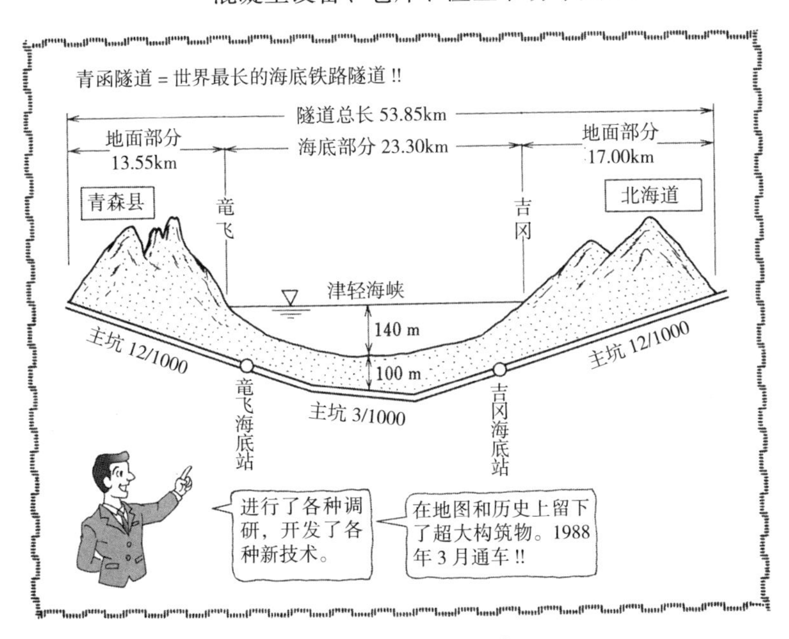

2 根据土质情况确定合理的挖掘方法

隧道挖掘

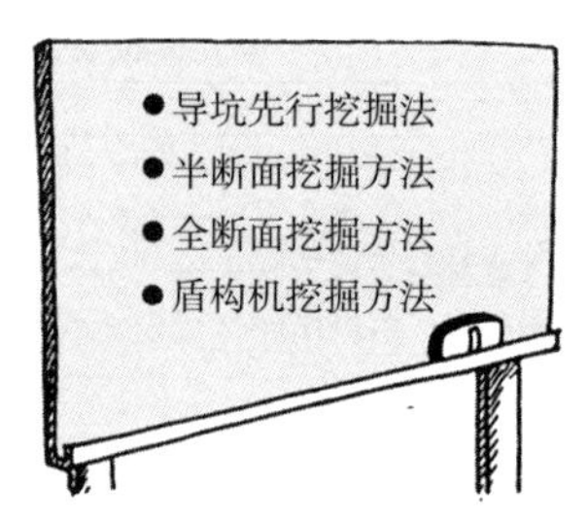

挖掘方法

隧道施工应根据地质情况、断面形状、长度、工期等，在**导坑先行挖掘方法、上半断面挖掘方法、全断面挖掘方法、盾构机挖掘方法**中选用合适的方法。

导坑先行挖掘方法(普通工法)

（1）调查、试挖、断面挖掘准备，先开挖小断面导坑，然后分阶段扩挖至半断面。

（2）用这种工法施工，即使在恶劣地质条件下，施工效率也很高。

（3）根据导坑在断面中的位置又可分为多种不同的工法。

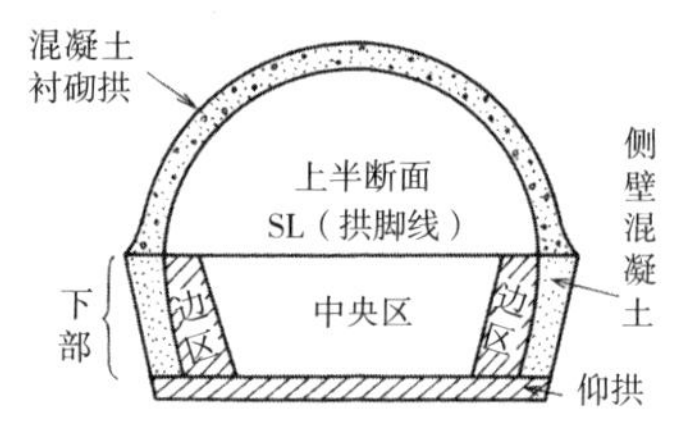

图 7.1　隧道断面各部分名称

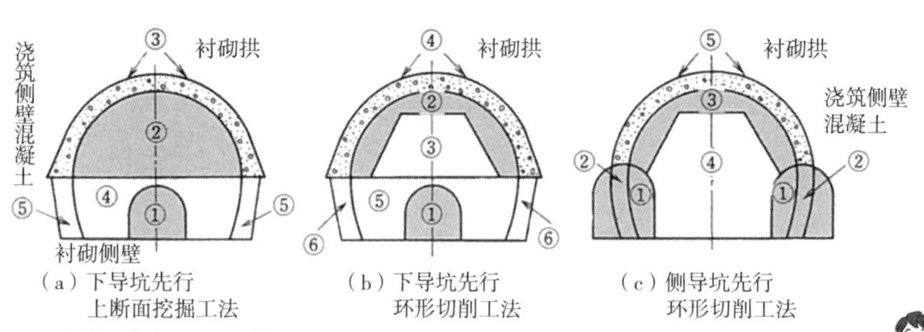

注 1）①~⑥表示施工顺序。
2）在挖掘（a）和（b）中所示下部中央区和边区土之前，应先施工支承衬砌拱的拱脚。

图 7.2　导坑先行工法的施工工序

上半断面挖掘工法

当无法进行全断面挖掘，掘进面基本上可保持垂直的地质条件时，适合采用本工法。

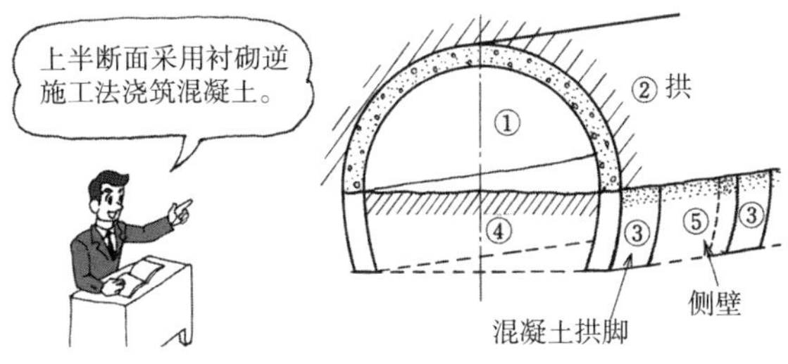

图 7.3 上半断面挖掘方法

全断面挖掘工法

全断面挖掘工法适用于在岩石等坚硬地质条件下的施工，采用**隧道推进机**进行挖掘作业。

（1）安全性高、推进速度快。可节约支护和衬砌费用。
（2）可采用大型挖掘机械，施工效率高。
（3）地质条件发生变化时，无法变更施工方法。
（4）挖掘机械的设备费（制作、运输、维修）昂贵。

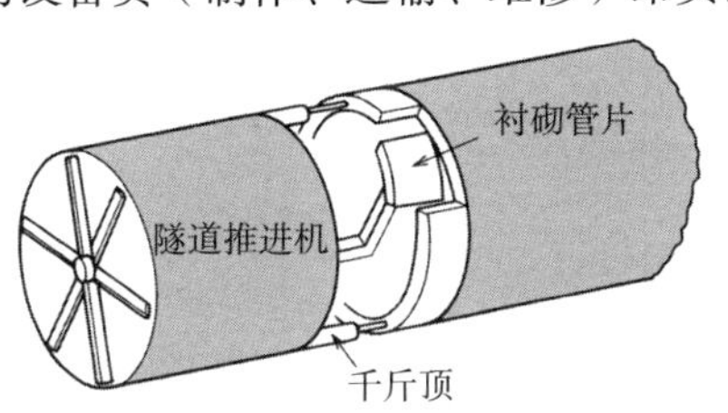

图 7.4 全断面挖掘工法

例题 1 下水管道（隧道）的断面形状

下列有关下水管道的叙述中，哪项是不正确的？

（1）圆形符合水力学原理，易于施工。
（2）马蹄形符合水力学原理，适用于中小直径管道。
（3）椭圆形即使小流量也能保证水深和流速，可有效防止泥沙等沉淀。
（4）长方形，当受覆土或开挖宽度限制时适合采用。

答案：（2）马蹄形符合水力学原理，适用于大口径管道。

3 炸碎坚硬的岩体

钻爆工法 1（钻炮孔）

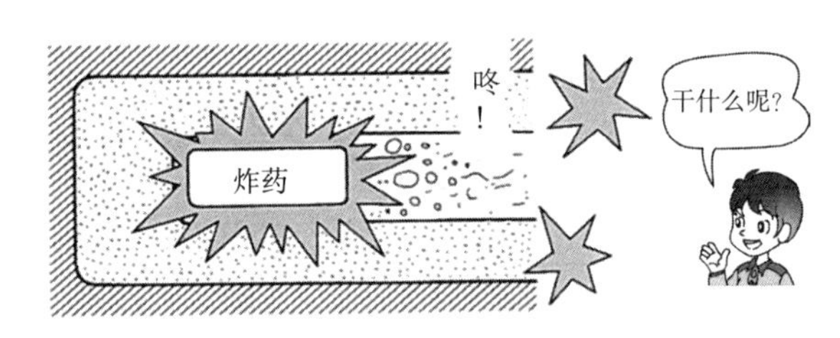

钻　炮　孔

（1）当为岩体地质时，采用钻爆工法进行开挖。

（2）用**凿岩机**（drill）在岩体上钻**炸药**孔的作业称为**钻炮孔**。

（3）炮孔长度一般为 1 ～ 2m，炮孔直径为 45mm 左右。

（4）凿岩机根据用途不同分为多种形式。

（5）大型凿岩台车施工效率高，可同时钻多个炮孔。

凿岩机和成孔方向　表 7.3

凿岩机	成孔方向
架式凿岩机	水平孔
上向式凿岩机	向上孔
下向式凿岩机	向下孔
大型凿岩台车	同时钻多个孔

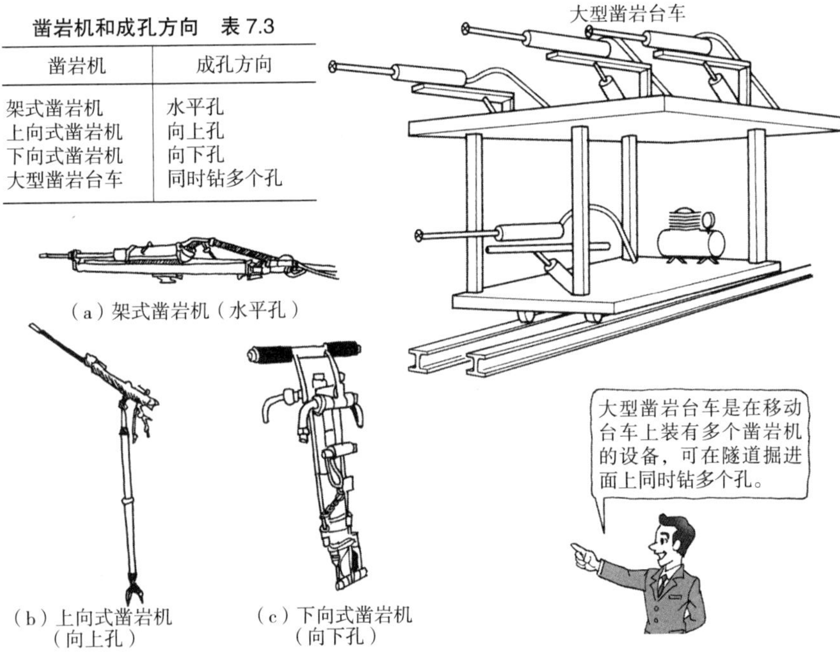

（a）架式凿岩机（水平孔）

（b）上向式凿岩机（向上孔）

（c）下向式凿岩机（向下孔）

图 7.5　凿岩机

图 7.6　大型凿岩台车

钻炮孔作业

（1）应精心设计爆破方案，确定药包量和炮孔方向。

（2）电雷管技术的发展使钻爆法施工更加安全可靠。

（3）**爆破漏斗**：如图 7.7 所示，由于装药量不同，其漏斗形状各不相同。

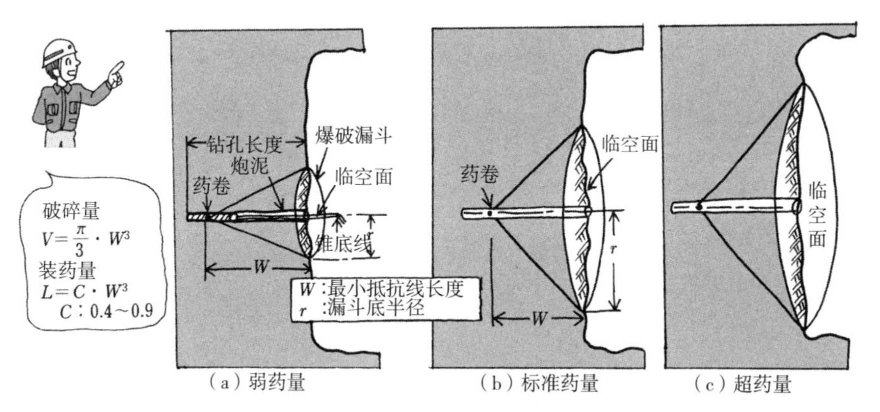

（a）弱药量 （b）标准药量 （c）超药量

图 7.7 爆破漏斗形状

（4）临空面越多爆破效率越高，因此应多设临空面。

① **掏槽孔和周边孔**：先在掘进面的中心位置引爆，以得到更多的临空面（**掏槽**爆破），然后延迟 0.01 ~ 0.5 秒引爆周边孔（**周边**爆破）。

② **设辅助孔工法**：设置不装药的辅助孔（**空眼**）增加临空面。

图 7.8 设掏槽孔和周边孔工法

图 7.9 设辅助孔工法

4 钻爆工法2（火药、装药）

爆破前的准备工作应非常慎重

· 火药是危险物品

· 火药的制造、运输、储藏必须根据相关法律，委托有资质的专业单位进行。

爆破药

（1）**爆破药**有**火药**和**炸药**。

（2）一般点火只会燃烧不会爆炸。

（3）通过雷管引爆发生爆炸。

火药

（1）**火药**易于爆炸，但爆破力小，一般作为导火索的芯药。火药一般用于烟花、火柴等。

火药用作导火索的芯药。

（2）**导火索**是指用绳子或纸卷将黑色火药芯材卷成绳索状的东西，以50cm/min的速度燃烧。

炸药

（1）**炸药**不易发生爆炸，一般用**雷管**引爆。

（2）炸药一般采用以硝化甘油为主要成分的**黄色炸药**，主要有以下几种：

①混合炸药

②胶质炸药

③粉末炸药

④最近也采用ANFO炸药

炸药使用黄色炸药。

（3）其他还有硝铵炸药、过氯酸盐炸药、KOZUMAITO液体炸药等。

（4）炸药选择时应考虑爆力、敏感度、爆破后产生的气体、密度、耐水性、安全性、价格、围岩性质、挖掘方式等因素。

黄色炸药

（1）是指以**硝化甘油**为基剂、并使其吸收了硅藻土、棉火药等的炸药。

（2）根据硝化甘油含量的多少（爆力强度），由高到低分别称为**松炸药、樱炸药、桐炸药**。

ANFO 炸药

（1）是指粒状硝铵 94.3%、柴油 5.7% 的混合物。比炸药钝感，只用雷管很难引爆，一般使用**引爆药筒**。

（2）炸药怕水，在隧道工程中使用时应特别注意。

雷管

（1）**工业用雷管**：用导火索引爆，多采用 3 类 6 号。

（2）**电雷管**：是指工业雷管中设有电点火装置的雷管。有瞬间爆破（瞬爆）和阶段性爆破（延爆）两种形式，延爆间隔常采用 0.01 ~ 0.5 秒。

（1）应非常慎重地将炸药用木棒依次推入炮孔内。

（2）然后装入引爆药筒（装有雷管的炸药），最后填塞与炸药同样长度的黏土。

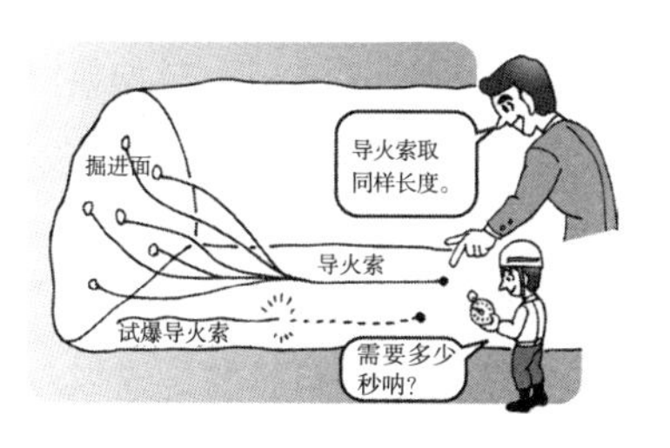

图 7.10 用导火索引爆

（1）在对安全性进行充分检查并确认合格后，按照顺序依次引爆工业用雷管。

（2）用试爆导火索确认引爆时间。

（3）采用电雷管时必须进行导通试验，处理未引爆的瞎炮时要特别慎重。

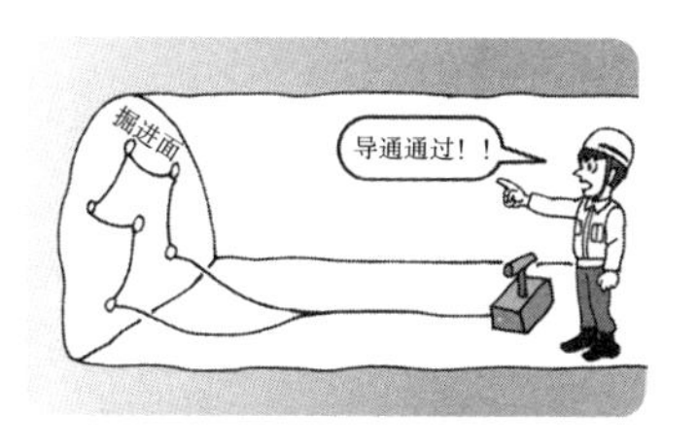

图 7.11 用电雷管引爆

5 碎渣是指在隧道中挖出的土石

出渣作业、支护工程

出渣作业

隧道施工中，挖出的土石称为**碎渣**。**出渣作业**是指将碎渣运出坑外进行处理的作业。出渣作业包括**装渣**、**运渣**和**卸渣**三个步骤。

（1）装渣作业：当采用机械挖掘时，与挖掘机联动装渣。

（2）运渣作业：有自卸式翻斗车等**轮式**运输方法，或在坑内铺设轨道用运渣车运输的**轨道式**运输方法。

①轮式运输生产效率高，适用于短隧道。

②采用轮式运输时，一定要保证有足够的通风设备。

（3）渣土处理：采用轮式运输时，可直接运往废渣堆场。采用轨道式运输时，可将轨道延长至废渣堆场，也可以中间换用自卸式翻斗车运往废渣堆场。

支护工程

支护是在隧道挖掘和衬砌施工之间，为了抵抗土压防止塌方而设置的临时结构。结构形式有**钢拱形式**、**锚杆形式**和**喷射混凝土形式**等。

（1）钢拱支护 ①将H型钢加工成受力性能好的拱形，按照标准间距1.2m布置，最大间距不超过1.5m。

②作为混凝土中的衬砌钢骨使用。

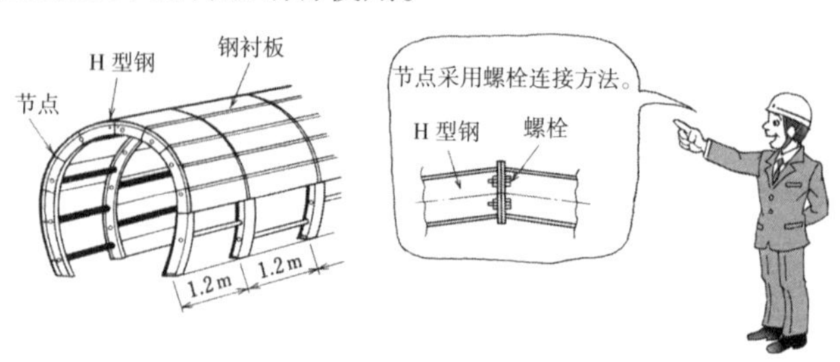

图7.12 钢拱支护

（2）锚杆支护 ①**锚杆**为长 2 ~ 4m，直径 25mm 的长螺栓，直接将其插入刚开挖完的土层中，锚固后锁紧。

②其作用是**加固**挖掘后松动的土体，防止塌方。

③钢锚杆一般沿着隧道的横断面方向放射状布置。

④与隧道掘进方向垂直。

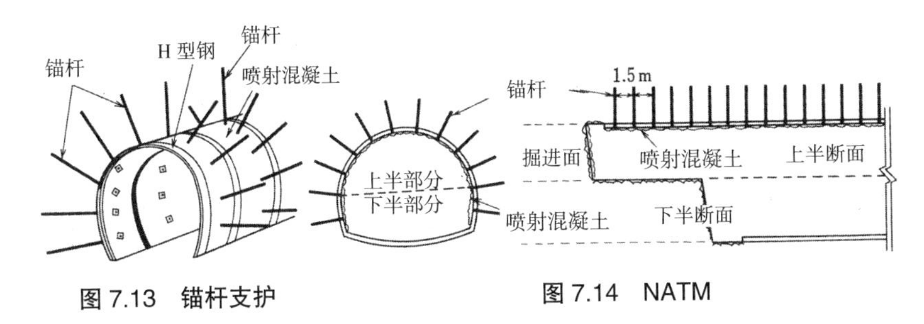

图 7.13 锚杆支护

图 7.14 NATM

（3）喷射混凝土支护：向围岩直接喷射混凝土使围岩密实，是对天然岩层强度劣化的加固方法。

NATM 工 法

（1）**NATM 工法**是在刚开挖完的围岩上直接喷射混凝土并设锚杆，以充分利用坑壁原天然土层强度的工法。

（2）根据坑壁土的自然条件，确定钢锚杆的根数和长度。

（3）因为是直接在刚开挖完的坑壁上喷射混凝土，形成了沿隧道内壁的混凝土保护层，因此土层松动小、安全，对地表的影响小。

（4）直接喷射混凝土支护方法所占空间小，不需要加大挖掘面，可减少挖掘量。

例题 2 隧道挖掘的出渣作业

以下关于隧道挖掘中出渣作业的叙述中，哪项是**不正确**的？

（1）按照规定，废渣堆场为危险区，非相关工作人员禁止进入。

（2）应特别注意堆积废渣不宜过高，堆积过高会产生滑塌或人员伤亡事故。

（3）轮式运渣与轨道式运渣比较，所要求的临时设施和通风设备更简单。

（4）轨道式运渣不受隧道的规模和地质条件影响，但受隧道坡度限制。

答案：（3）运渣作业采用轮式时，需要通风设备将坑内的废气排出，因此采用的设备更大。

6 支撑山体的部分

衬砌施工

衬砌材料

为了防止隧道塌方和漏水并保证天然土层稳定，支护结构必须具有足够的强度和安全性。支护材料有以下几种：

①**预制衬砌管片**（用于盾构机工法）：是指用盾构机施工时沿挖完坑壁设置的钢制或混凝土制的预制单元块，将其拼装完成后会形成圆形截面支护层。

②现场浇筑无筋混凝土

③现场浇筑钢筋混凝土

④石材、砖、预制砌块

⑤衬板

图7.15　衬砌完工后的隧道

模板

（1）**模板**分为**拼装式**模板和**移动式**模板。

（2）为了防止浇筑的混凝土因混凝土压力产生下挠，应合理确定拱肋的间距。

（3）钢制拱肋的间距一般为1.2 ~ 1.5m。

（4）**拼装式模板**：应测量放线后进行安装，保证位置正确。考虑到支

图7.16　衬砌管片

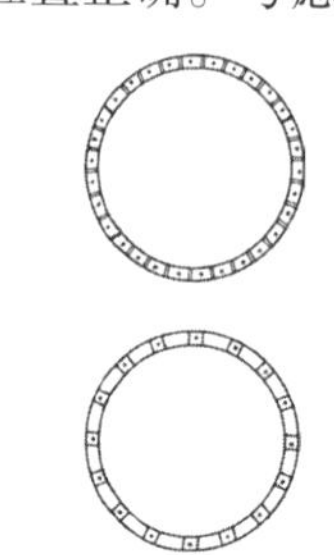

图7.17　衬砌管片拼装后的形状

护在施工中的下沉变形，一般增高 2 ~ 5cm 作为预留高度。

（5）**移动式模板**：将钢拱支架和**金属模板**拼装完后组装在轨道上，然后使其沿着轨道移动的模板形式。

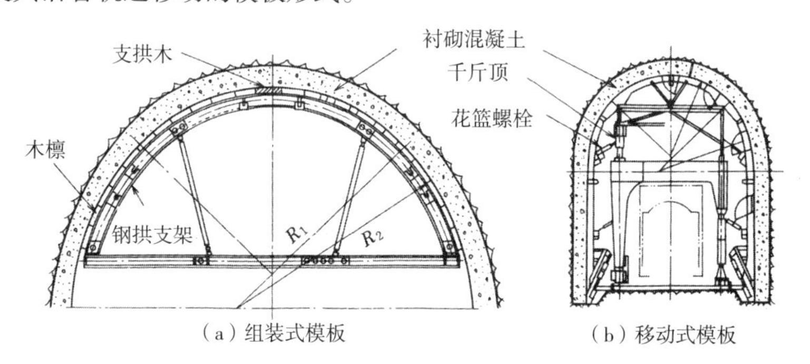

图 7.18 模板

衬 砌 施 工

（1）**衬砌施工**方法有两种：全截面一次成型方法，按拱、侧壁、仰拱的顺序分段施工方法。

（2）按照拱、侧壁、仰拱顺序施工的方法称为**逆衬砌施工法**，按照侧壁、拱、仰拱顺序施工的方法称为**正衬砌施工法**。

（3）采用和易性好的混凝土材料。

（4）采用预拌混凝土，用混凝土泵浇筑。

（5）拱顶部混凝土浇筑较为困难，应精心施工。

（6）按照逆衬砌法施工时，拱与侧壁的接缝无法浇筑密实，应预留 10cm 左右的空隙，以后通过压力灌浆注入水泥砂浆等材料。

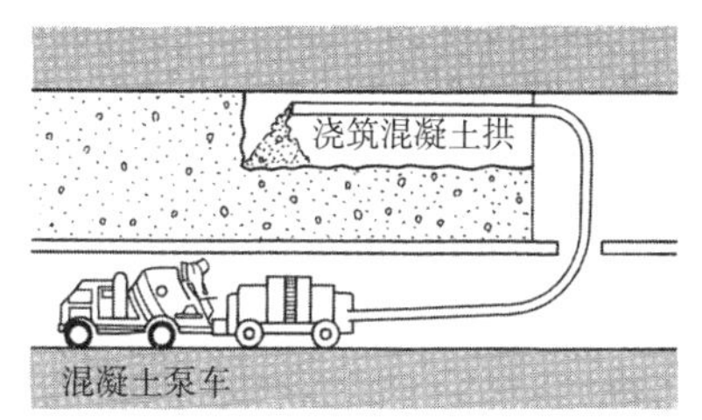

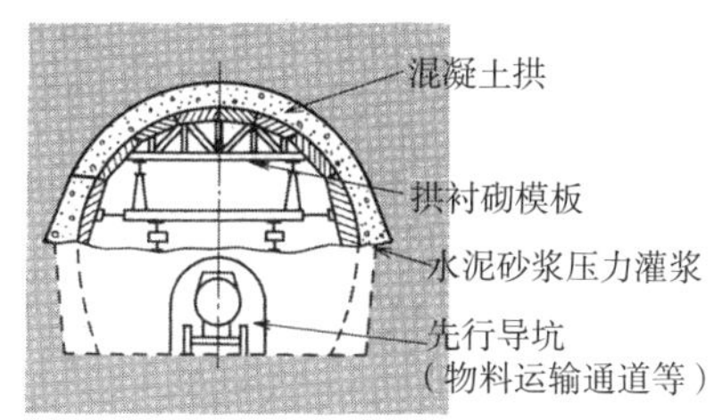

图 7.19 逆衬砌施工法

附 属 工 程

在涌水多的区段，为了使拱部混凝土不受水压作用，在混凝土拱与围岩之间铺设防水膜，并根据需要设排水管或排水带。

7 用空气压抵抗多水围岩中的水压

盾构机施工法

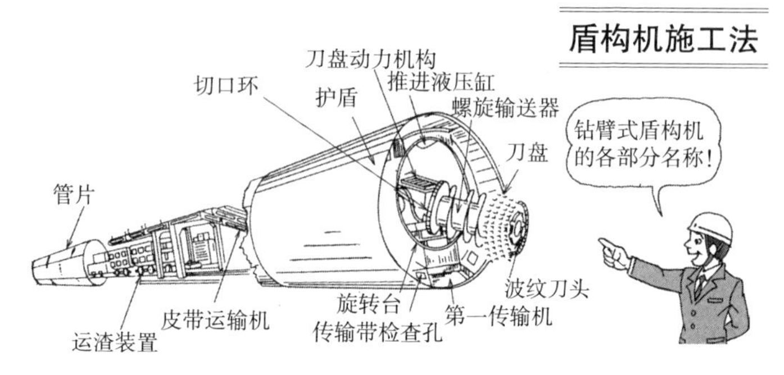

盾构机施工法

（1）用直径略大于隧道截面的盾构机（钢制圆筒形设备）向前推进修筑隧道的施工方法。

（2）在盾构机内进行**挖掘、向前推进、衬砌、衬砌后混凝土注浆**等作业，建造隧道。

（3）隧道线路最好为直线或曲率半径大的弧线。

（4）最近隧道的挖掘和推进（包括方向转换）作业是由洞外的计算机控制，只需要很少的人进行设备维修和管片设置。

气压式盾构机施工法

（1）在坑内设置隔墙，边向开挖面与隔墙之间输送高压空气边向前推进的方法。通过加压可以有效地抑制涌水。

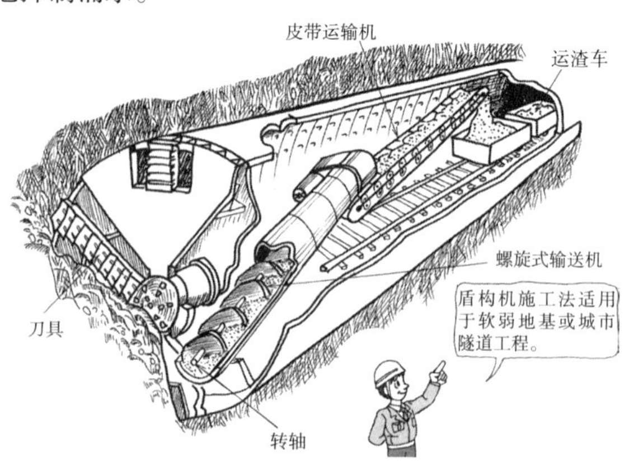

图 7.20　盾构机施工法

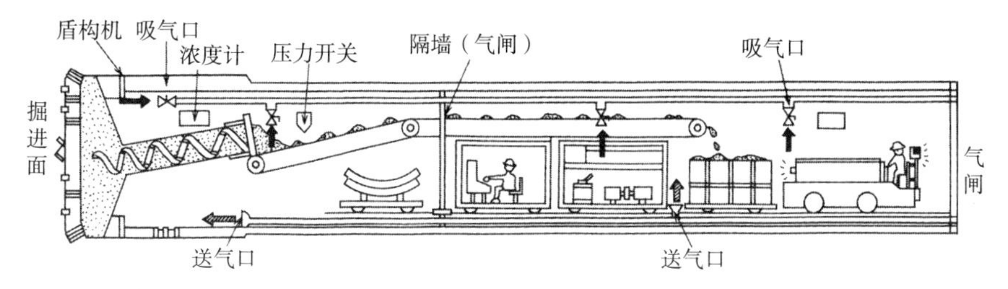

图 7.21 气压式盾构机施工法

（2）为了避免引起潜水病，每次洞内连续工作时间限定为 0.5 ~ 1.5 小时，并需要配备减压设备。

泥水加压盾构机施工法

（1）向切土刀盘处输送大量的水使水与挖松的渣土混合形成泥水，并通过管道排出洞外的施工方法。

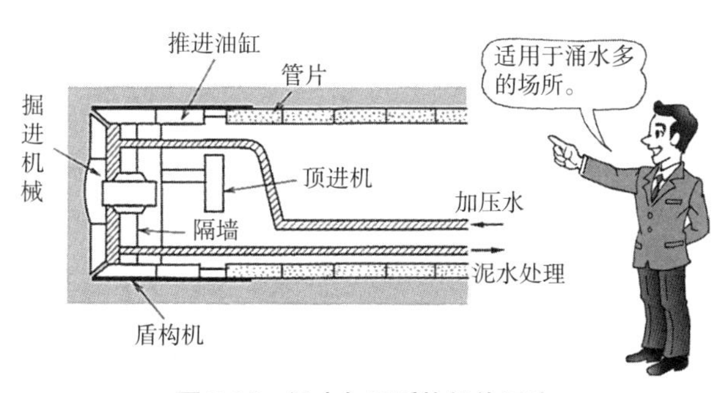

图 7.22 泥水加压盾构机施工法

（2）需要有设置大型沉淀池的场所和设施。

（3）可在涌水多的地质条件下施工，需要作业人员少。

土压平衡盾构机施工法

该工法适合软弱土层的施工。在切土刀盘推出的状态下，挖出的土可保持掘削面的土压平衡。挖出的土由**螺旋式输送机**和**皮带式输送机**搬运。该工法不需要高压空气或泥浆。

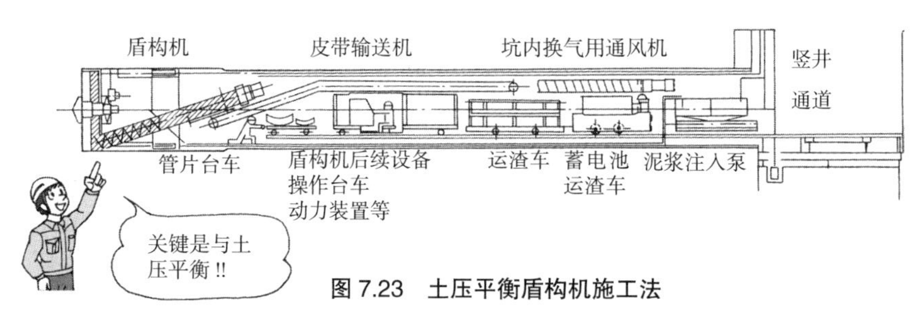

图 7.23 土压平衡盾构机施工法

8

明挖工法、推进工法

明挖再回填建造的地下管道仍属于隧道

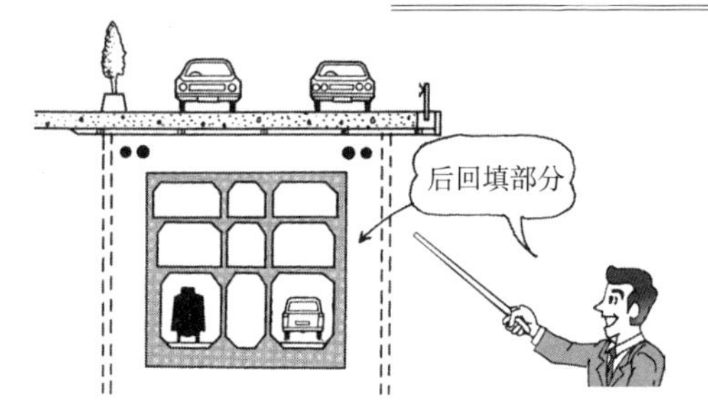

明挖工法

用于埋深较浅的箱型截面隧道，造价低、可缩短工期。和地上建筑一样可在内部修建复杂的结构。

（1）**露天采矿式开挖工法**

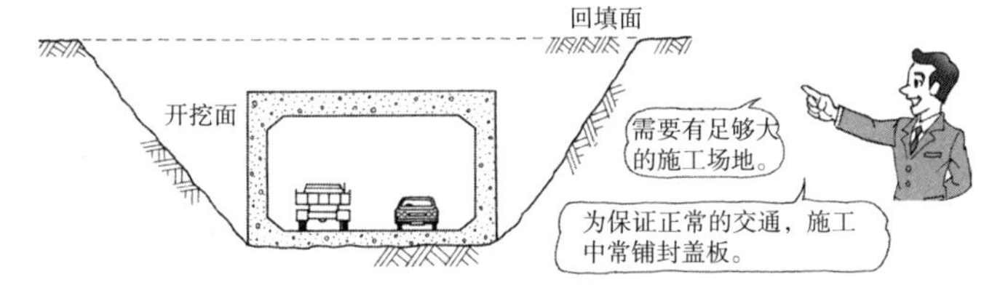

图 7.24　明挖工法

（2）**全断面开挖工法**（常用于街区和城市隧道施工）

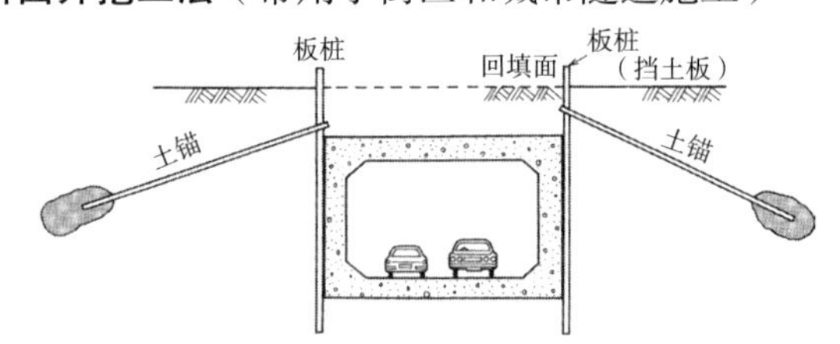

图 7.25　全断面开挖工法

（3）**部分断面开挖工法（开沟槽工法）**

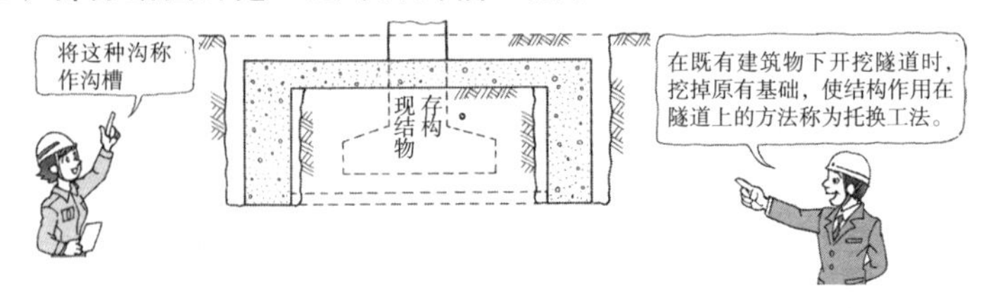

图 7.26　开沟槽工法

推 进 工 法

（1）是指用大功率千斤顶将一截一截的管依次连续向前推进的工法。

这是最近常采用的工法

（2）用于地下埋管从道路或铁路下横穿时的施工。

（3）管径：600 ~ 2000mm。

（4）每次推进距离：50 ~ 150m。

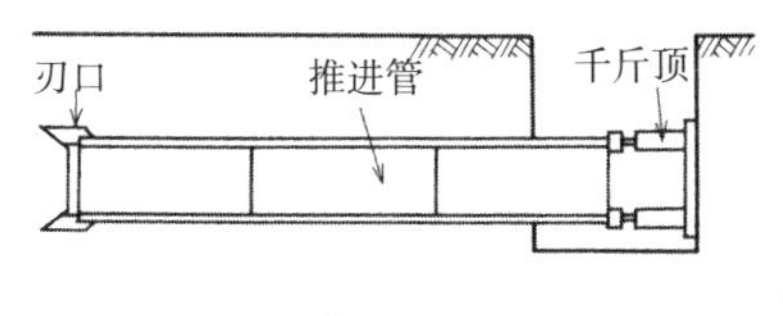

（a）刃口推进工法

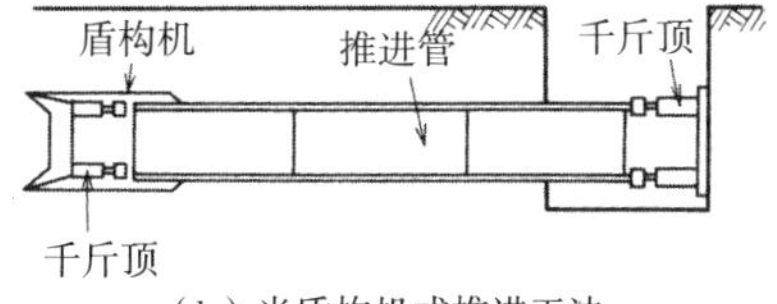

（b）半盾构机式推进工法

图 7.27 推进工法

图 7.28 小型推进机

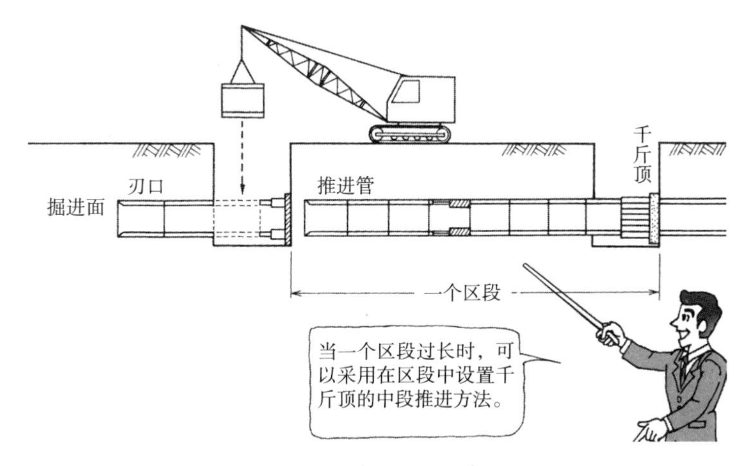

图 7.29 推进工法示例

9 谁都会想到的沉埋隧道

沉埋工法

沉埋工法

（1）在干船坞或陆地上预制**隧道管段单元**，用**临时封墙**将每节管段的两端封死，然后将管段水运至建设现场。

（2）利用水压将管段沉入事先浚挖好的水底基槽内，并与相邻管段连接，最后回填块石覆盖形成水底隧道。

（3）**沉埋式隧道**由①中段沉埋隧道、②沉埋隧道两端的通风塔、③与其连接的陆地隧道组成。

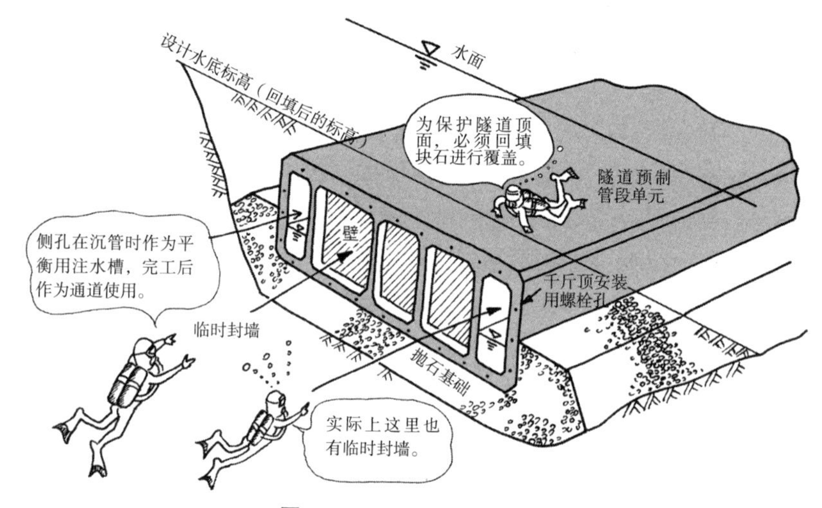

图 7.30　沉埋工法施工示例

特　　点

（1）无一般隧道挖掘时的危险性。

（2）陆地上的管段单元制作与水中的挖掘施工可同时进行。

（3）由于设置在水深较浅的位置，可减少隧道的总长度。

施工工序

施工按照①**隧道管段单元制作**、②**基础施工**、③**拖运**、④**管段就位和回填**、⑤**内部施工和竣工**的顺序进行。

① 先制作管段钢外壳部分，然后浇筑混凝土。

② 挖完基坑后，设置抛石垫层和支承平台。

③ 在管段的两端用临时墙板封堵，下水并拖运至沉埋位置。

④ 用锚索将管段设置在支承台上，浇筑基础水泥砂浆。

⑤ 在管内安装照明、路面、防灾器具等。在沉管侧面和顶部抛填块石回填覆盖，工程完工。

图 7.31 隧道沉埋法施工工序

水压结合

沉管时在管段空腔内注水使其下沉，用超声波触探器将其与前一就位管段连接，利用静水压排出间隙水，实现**水压结合**。

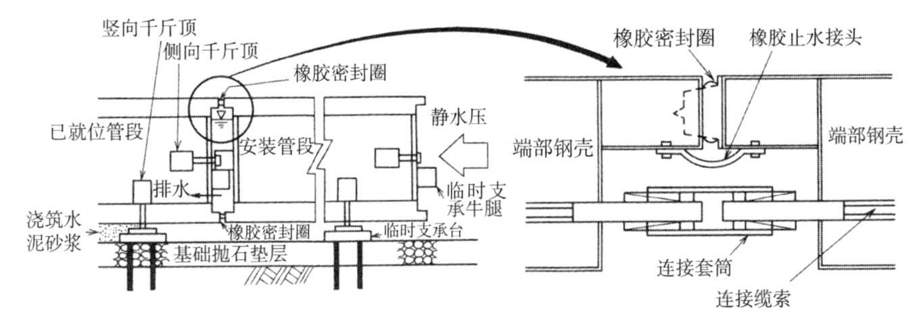

图 7.32 水压结合

图 7.33 可挠性连接构造

10 压力注浆工法、绕行排水工法

对软土山应先处理再开挖

目的

隧道挖土施工时，涌水不仅大大增加了施工难度，而且可能引起塌方等重大事故。

为防止涌水的发生，一般采用**压力注浆法**或使地下水从另设的排水通道流走的**绕行排水工法**。

注浆法的目的：

（1）通过注浆阻断地下水的水路，防止地下水流入隧道。

（2）当为软弱土地质时，通过压力注浆使天然土层固结并提高承载力。

图7.34　压力注浆工法

注浆材料（灰浆）

注浆材料主要有水泥浆、药液、粉煤灰、沥青等。

（1）**水泥浆**：为防止水泥颗粒下沉，加入了膨润土。

（2）**水玻璃系药液**：水玻璃遇到酸和碱会发生固结。由于其颗粒小于水泥颗粒更容易渗透。

（3）**LW工法**：用水泥浆和水玻璃的工法。

压力注浆施工（灌浆法）

（1）为加固软土土层或防止水的渗漏，用压力将**浆液**（水泥浆等）注入土层以封闭土中的缝隙。

（2）注浆孔的布置应使相邻孔之间的注浆渗透范围相互重叠。

（3）注浆区厚度一般为隧道半径的1.5～3倍。

（4）注浆顺序为从隧道内部向周边方向施加压力。

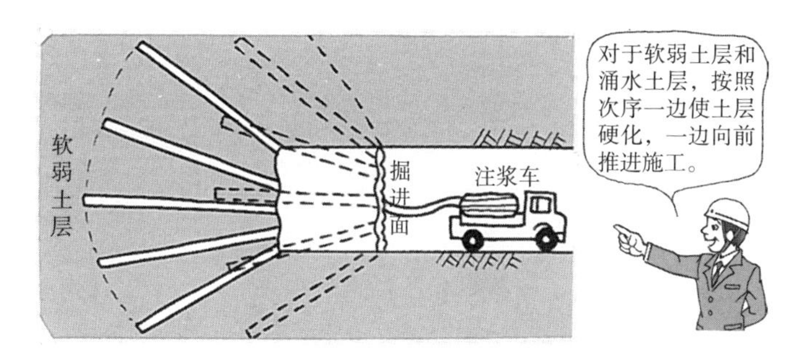

图 7.35 压力注浆施工（灌浆法）

注浆效果确认

（1）**何时注浆完成**

①判断注浆是否完成是非常困难的。只能确定最终注浆压力、分析注入量和损耗量，并设置**检查孔**。

②有必要的话，通过**抽样检查**或**注水试验**对注浆效果进行分析和判断。

（2）**最终注浆压力**

①当注浆目的是为了抑制涌水时，注浆压力取涌水压的 2 ~ 3 倍。

②对于**破碎带**或断层等围岩的加固，注浆压力越高越好。

绕行排水工法

（1）隧道施工涌水严重时，在主坑道之外另挖排水通路使地下水改变流向以方便施工。

（2）当挖掘隧道遇到破碎带土层时，该方法非常有效。

（3）施工工序：面对开挖面由横向向前挖排水通道；在破碎带上钻孔，使水由钻孔流出，通过排水通道经由主坑道排出坑外。

（4）应特别注意隧道上方的水权问题。

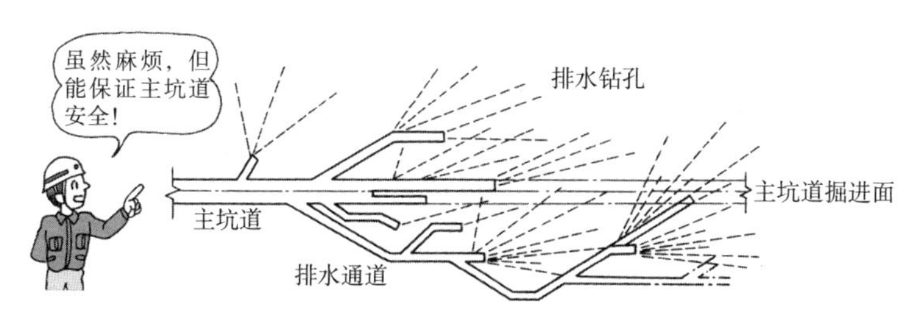

图 7.36 绕行排水工法

11 特殊工法、冻结工法

防止薄覆土层松动下沉的施工工法

特殊工法

当所修隧道上的覆土层薄，且上面有房屋或道路等时应尽量避免隧道挖掘施工引起土层松动和地面下沉。与此对应的**特殊施工方法**有**管排列围堰工法**和**梅塞尔（钢插板）工法**。

管排列围堰工法

沿着隧道截面的外围钻孔，埋设**钢套管**，一边用钢拱等进行支护一边开挖的方法。

有时也采用向钢管中注入药液的方法。

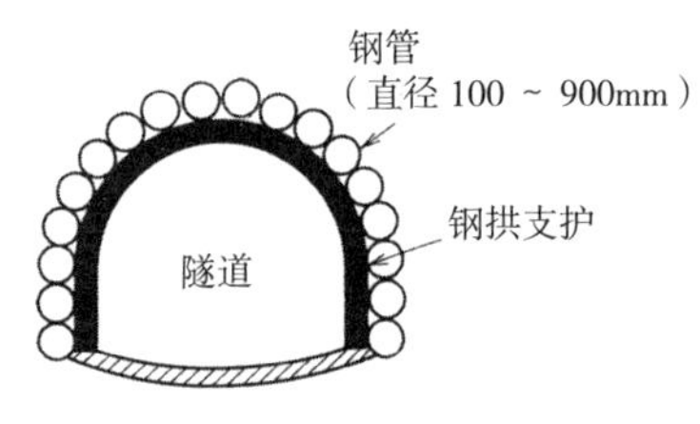

图 7.37　管排列围堰工法

梅塞尔（钢插板）工法

该工法是在开挖面先搭建**梅塞尔支护**，使其作为**梅塞尔板桩**的导轨，然后一边挖掘坑道，一边用千斤顶将设置在支护上方的梅塞尔板沿隧道延伸方向推进的方法。

随着掘进面向前推进，梅塞尔支护依次向前跟进，普通支护的板桩应紧随其后。

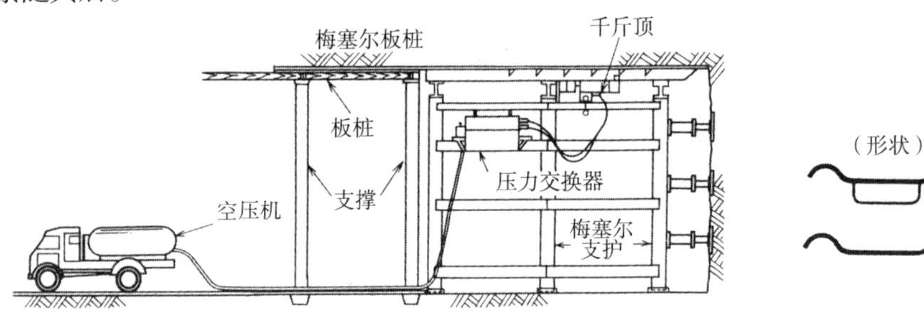

图 7.38　梅塞尔（钢插板）工法与梅塞尔板桩形状

冻 结 工 法

对软弱土层和富含水量土层，应使土层临时冻结和固结，使其硬化并能阻水。

（1）**适用条件：**含水率 8% 以上，地下直接水势 10m/天以下，地下间接水势 1m/天以下。

（2）**体积膨胀：**淤泥质土和黏土大，砾石和砂几乎不膨胀。人工冻结土为 5% 以下（水为 9%）。

（3）**冻土强度：**随着土质和冻结温度的不同而变化。按照黏土、砂、砂砾的顺序（4.9 ~ 15.7N/mm²），强度依次增加。冻土不是理想弹性体，应考虑其蠕变。

（4）**冻结温度：**–20 ~ –30℃。

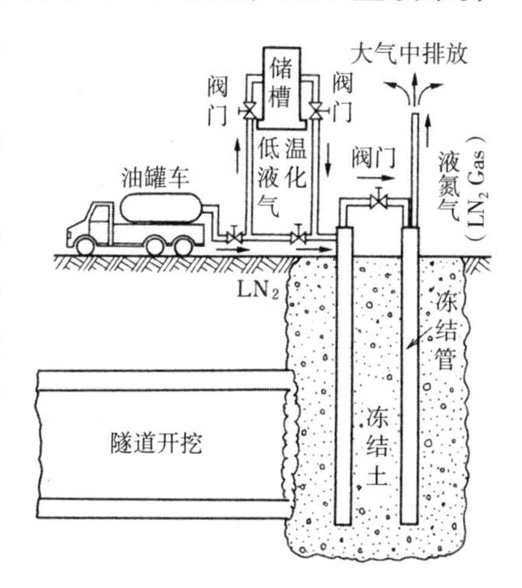

图 7.39 冻结工法

<适合场所>

（1）即使采用药液注浆工法也无法挖掘施工的软弱土质。

（2）桩施工和结构托换施工困难的场所。

（3）用排水工法无法使地下水位降低的场所。

注意事项：必须注意冻结时的体积膨胀、冰的集水效果、解冻时的体积和强度的变化。

例题 3 隧道挖掘方式和衬砌方法

下列关于隧道挖掘方式和衬砌方法的用语组合中，哪项是**错误**的？

（1）下导坑先行上半断面工法————正衬砌施工法

（2）上半断面先行工法————逆衬砌施工法

（3）全断面工法————正衬砌施工法

（4）侧壁导坑先行上半断面工法————正衬砌施工法

答案：（1）该挖掘方法是由下导坑向上进行上半断面挖掘，衬砌顺序是先施工拱、后施工侧壁，因此应为逆衬砌施工法。

第7章 问题

问题1 以下隧道挖掘方法中，哪种是侧壁导坑先行施工方法？

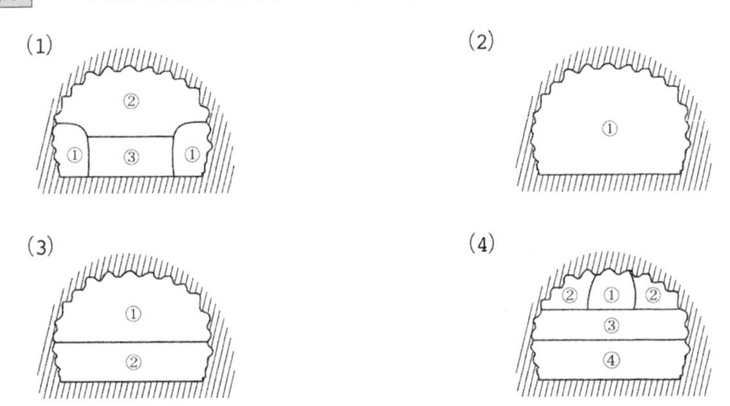

问题2 以下关于山体隧道挖掘工法的叙述中，哪项是**不正确**的？

（1）阶梯式工法一般是将断面分成上半部和下半部两部分进行开挖的施工方法。

（2）全断面工法是大断面隧道或天然土层不稳定隧道开挖时常采用的施工方法。

（3）中壁分割工法常用于大断面隧道开挖的场合，对防止隧道变形、地面下沉非常有效。

（4）侧壁导坑先行工法，常用于覆盖土层薄且需要防止地面下沉的砂土土质的隧道施工。

问题3 以下关于山体隧道衬砌的叙述中，哪项是**不正确**的？

（1）衬砌是指拱部分，一般采用钢筋混凝土。

（2）原则上衬砌应待天然土层变形完成后再施工。

（3）当侧压和支撑力不足时，在天然土层上施工仰拱。

（4）衬砌有增加支护强度、提高隧道安全的作用。

问题 4　以下关于山体隧道施工的叙述中，哪项是**正确**的？

（1）隧道挖掘，按照天然土层条件从差到好的顺序，分别采用全断面工法、阶梯式工法、导坑先行工法。

（2）用于隧道衬砌的模板一般采用移动形式，组装式模板只用于隧道急弯处、扩宽处和坑口等特殊部位。

（3）隧道支护一般采用板桩工法，NATM 工法仅用于地下水丰富等特殊场合的隧道施工。

（4）机械挖掘与钻爆挖掘比较，会产生噪声和振动等环境问题，因此必须考虑环境因素，只在必要的场合采用。

问题 5　以下关于 NATM 工法的叙述中，哪项是**不正确**的？

（1）当天然地质条件良好时，支护的施工顺序一般为喷射混凝土、锚杆施工。

（2）喷射混凝土施工时，为了尽量减少溅落损失，喷嘴与喷射面应保持 45°。

（3）当支护的柱脚下沉大需要加固时，可采用带翼肋的钢支护。

（4）用于锚杆钻孔施工的支柱式钻机，适用于小断面且作业空间狭窄隧道的钻孔作业。

问题 6　以下 NATM 工法采用钢支护施工时的作业顺序，哪项是**正确**的？

（1）初次喷射混凝土→锚杆→钢结构支护→二次喷射混凝土

（2）初次喷射混凝土→钢结构支护→二次喷射混凝土→锚杆

（3）钢结构支护→初次喷射混凝土→锚杆→二次喷射混凝土

（4）钢结构支护→初次喷射混凝土→二次喷射混凝土→锚杆

问题 7　以下哪项不是 NATM 工法中的支护部件？

（1）板桩

（2）喷射混凝土

（3）锚杆

（4）钢结构支护

问题8　下述关于盾构机施工的盾构机推进的叙述中，哪项是**不正确**的？

（1）盾构机推进时，为了沿着预定的路线正确前行，关键是正确使用盾构机千斤顶。

（2）当推力大，可能对管片造成损伤时，应对管片采取加固措施。

（3）应尽量减少千斤顶，根据推力的大小增加单个千斤顶的推力。

（4）密闭型盾构机采用辊轴时，通过改变刃口的转动方向使盾构机产生反向弯矩，一般应进行修正。

问题9　下段关于盾构机法施工的盾构机推进的文章中，哪项（a）、（b）的组合是**正确**的？

应根据（a）条件，正确启动（b），在保证天然土层稳定的情况下，使盾构机沿着正确的线路前进。

	（a）	（b）
（1）	天然土层	盾构机千斤顶
（2）	天然土层	管片
（3）	背面灌浆	管片
（4）	背面灌浆	盾构机千斤顶

问题10　下文关于采用土压式盾构机进行隧道施工的叙述中，空格中的（a）、（b）、（c）的组合，哪项是**正确**的？

土压式盾构机施工法是指，使刀盘刀头挖出的土砂填满掘进面与隔墙之间，通过（a）保证挖掘时挖掘面的稳定，通过贯穿隔墙的螺旋式输送机进行（b）的方法，一般用于（c）土层。

	（a）	（b）	（c）
（1）	土压	排土	黏性土
（2）	土压	排土	砂质土、砾石
（3）	泥水压	搅拌	砂质土、砾石
（4）	泥水压	搅拌	黏性土

第 8 章　河道工程、港口工程

自从人类懂得水可以使生活变得更好，就形成了以水为中心的社会形态。然而人类赖以生存的水有时会变成狂风暴雨和洪水猛兽，给人民生活带来巨大灾难，人类有时又必须与水进行抗争。

正如谚语中所说"**能治水者方能治天下**"，不知从何时起，治水成为政府治理国家的重要任务之一。从某种意义上说，人类的历史是和水的历史一起发展起来的。

河道工程是指为有效利用江河湖水和维护河道畅通而进行的河水净化、河道景观修建，以及各种河道建筑和河道管理设施等项目。在设计河道构筑物时，必须考虑将来可能发生的各种意外情况。

港口工程是指为了防止漂流的海砂侵蚀海岸或掩埋港湾，防止波浪、潮汐、海啸等对海岸线的破坏，维护港湾的正常功能而开展的建设项目。

近些年在河道工程和港口工程中，对考虑周边环境、建设亲水空间的要求越来越高。

（提供：皮·埃斯）

1 在地基上堆积带形砂土堆工程

筑堤施工

筑堤工程

（1）河道堤坝是为防御洪水泛滥，保证河水顺直流下所需要的河道宽度或深度而修筑的河川建（构）筑物。堤坝一般是用砂土堆积成的带形构筑物。

（2）**筑堤工程**分为**新筑堤工程**和**引堤工程**。新筑堤工程是指在无堤防的场所修筑堤防，引堤工程是指在有堤防的场所，为扩大河面，在原有堤防的背面修筑的新堤防工程。

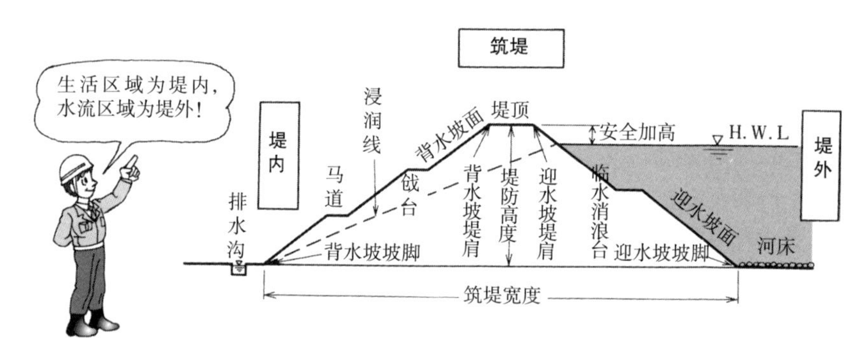

图8.1 堤防各部位名称（左岸）

设计堤防高度

（1）堤防的设计高程为设计水位线高度加上安全加高值。安全加高值对大河取1.5～2.0m，中小河取0.6～1.2m。

（2）堤防顶部宽度，考虑到防止堤防渗漏和堤体破坏，一般大河取5～8m，中小河取2～4m。

（3）必须决定浸润线的斜率（约为1∶3），以防止渗入堤身的水从背水坡流出。

筑堤材料

（1）河道堤防工程应尽量采用较好的土石料进行堆土压实施工，防止流水对堤防的冲刷和渗透。

（2）筑堤材料应具有透水性小、施工性能好的特点，以利于挖掘、运输和压实作业。

（3）不应含有草皮树枝等有机物质。

（4）在湿润或干燥等条件下，材料的膨胀或收缩小。

（5）当处于水饱和状态时，坡面不易发生滑坡。

（6）当含水量大时，内部摩擦角不减小。

筑堤施工

（1）施工时应考虑基础地基的**压密下沉**、堤身土砂料自重的压缩量以及地面上交通等因素，筑堤高度与设计高度比较应有约 10 ~ 50cm 的**余量**。

（2）为了使堤身有一定的强度、降低透水性并保证堤身土体的稳定性，应对填筑土充分碾压夯实。

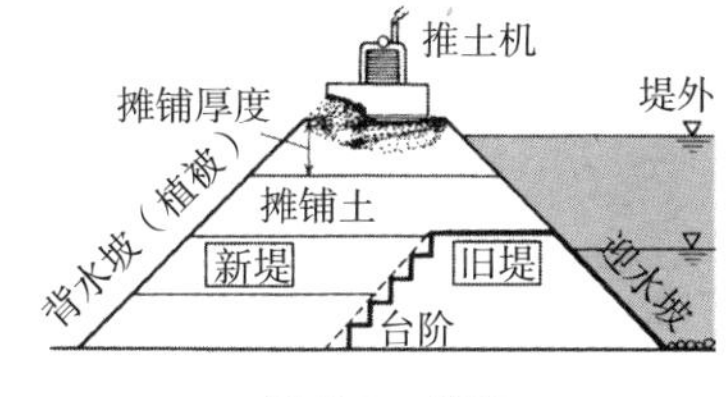

图 8.2　筑堤

（3）对旧堤进行扩筑工程时，为了加强与旧堤的连接性能，应将旧堤削挖成宽 0.5 ～ 1m 的台阶状。

（4）旧堤的扩筑工程分为增加堤身高度的堤防增高工程和增加堤身厚度的堤身培厚工程。培厚工程又分为堤外培厚和堤内培厚。为了不减少河道宽度，培厚一般在旧堤防的堤外侧进行。

（5）筑堤时，土一次摊铺厚度约为 20 ~ 40 cm，用推土机或压路机仔细碾压。

（6）为了防止水流对河床的冲刷、保护护岸基础和护岸，在迎水面堤脚内侧应进行护基施工，在堤防坡面**种植植物**等保护坡面。

堤身防渗措施

（1）防渗措施有培宽堤坝断面、迎水面设置凸腹、在迎水面和背水面设台等。

（2）进行护坡，设置截水墙，在迎水面浇筑混凝土覆盖层等。

（3）低水压护岸的顶部可能遭受洪水侵蚀时，应设置堤顶保护或进行堤顶护面施工。

（4）戗台必须保证在浸润线的外侧。

2 保护河岸和堤防的构筑物

护岸工程、折流坝工程

护 岸

（1）**护岸**是指针对河水对堤坝和河岸的侵蚀，为保护堤坝和河岸修建的建筑物。

（2）护岸有两种形式，直接加固岸坡的**堤防护岸**和保护低水位水路的**低水位护岸**。

（3）河道护岸工程一般分为**坡面覆盖工程、护基工程**和**固脚工程**。

（4）石笼护岸具有挠曲性和空隙，有利于生物生存。

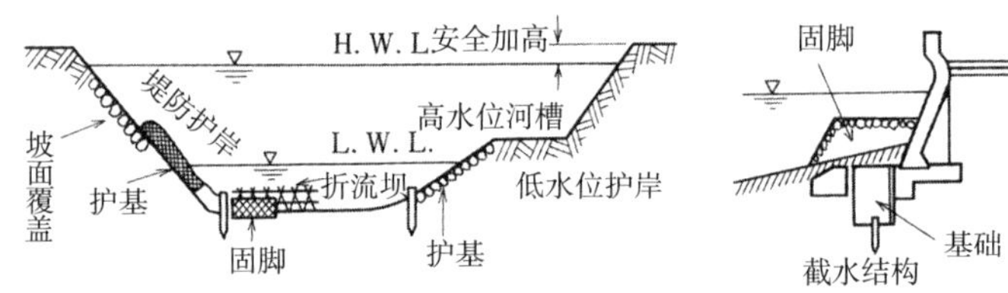

图 8.3 护岸

坡面覆盖工程

坡面覆盖工程是通过在坡面上施工覆盖层保护坡面的方法。水流缓慢处可采用草皮覆盖层，水流较急时采用强度大的①**浆砌块石覆盖层**、②**干砌块石覆盖层**、③**浇筑混凝土覆盖层**、④**铺砌预制混凝土块覆盖层**、⑤**铺设框笼**等。

护基工程和固脚工程

（1）**护基工程**和**固脚工程**，是为了防止流水对堤防或河岸坡脚冲刷造成砂土流失而进行的整体结构施工方法。

图 8.4 多自然型河岸施工

（2）为了降低水的流速，通过对河床直接施加覆盖层缓和湍急水流的冲刷而采用的施工方法。覆盖材料有①**抛石**、②**各种混凝土预制块**、③**沉床**等。

堤顶保护和护坦

（1）**堤顶保护施工**：为了防止水流对低水位护岸内侧的破坏而进行的施工作业。

（2）**护坦**：为了减轻护岸上下水流侵蚀的影响，防止上下水流对护岸的破坏而设置的过渡平台。护坦具有挠曲性，应具有相当大的粗糙度。

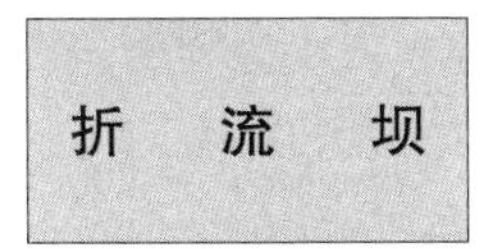

（1）为了减缓水势、改变水流方向，在河道中设置的构筑物。

（2）折流坝有减缓水势的**透水折流坝**和截断水流的**不透水折流坝**。

折流坝的作用

（1）使水流方向面向河心，保证河心维持一定方向。

（2）固定中水位和低水位的宽度，保证水深。

（3）使水流减势，土砂沉淀，防止水流对河岸和堤脚的冲刷。

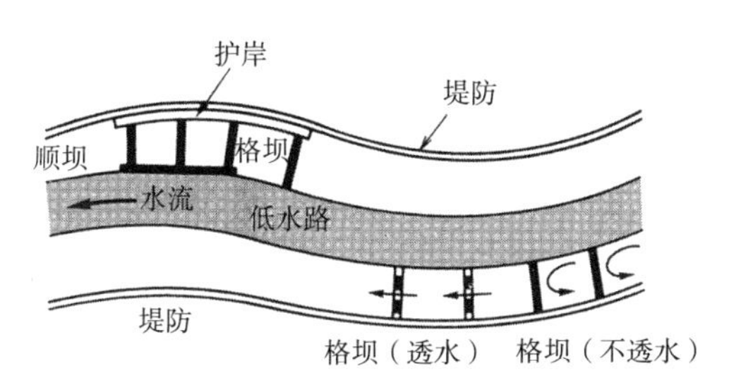

图 8.5 折流坝（顺坝、格坝）

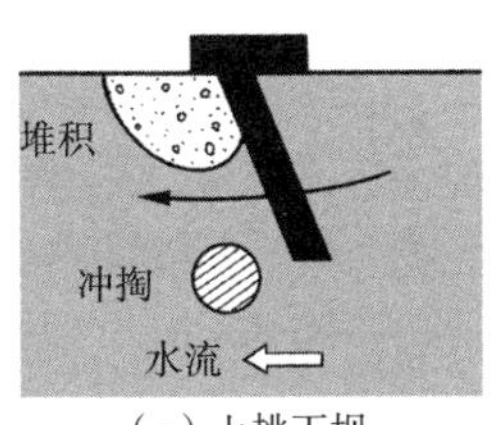

（a）上挑丁坝

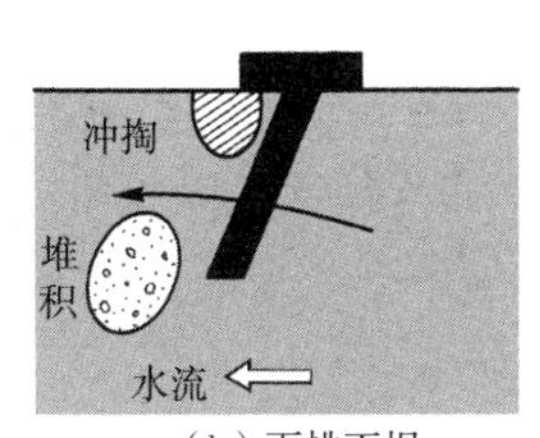

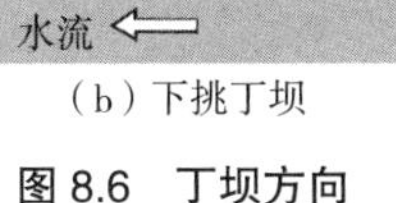

（b）下挑丁坝

（c）正挑丁坝

图 8.6 丁坝方向

3 溪谷和溪岸的防侵蚀工程

防砂工程（溪谷处）

防　砂　工　程

在日本雨水多、湍急的河流多，由此流入河流中的土砂多，因此经常发生泥石流、滑坡、河岸崩塌等灾害。为防止土砂灾害，预防水流对地表面的侵蚀、冲蚀和山地荒废而进行的工程叫作**防砂工程**。

防　砂　坝

（1）**防砂坝**是保护**主溪谷**、减缓河床坡度、防止水流冲蚀、阻拦和调节砂石输送，在河道上游修建的河道建筑物。

（2）防砂坝的坝基处理有截断基岩渗水的截水工程（**帷幕灌浆**）和改善基岩变形和强度的基础加固工程（**固结灌浆**）等。

（3）为保证河床和高水位河岸的稳定，有横穿河床在低水位设置的**固床用构筑物**、与河床同高度的**潜坝**等。

（4）溪谷治理施工时，应尽量避开桥梁或配水管等横穿河道的建筑物。

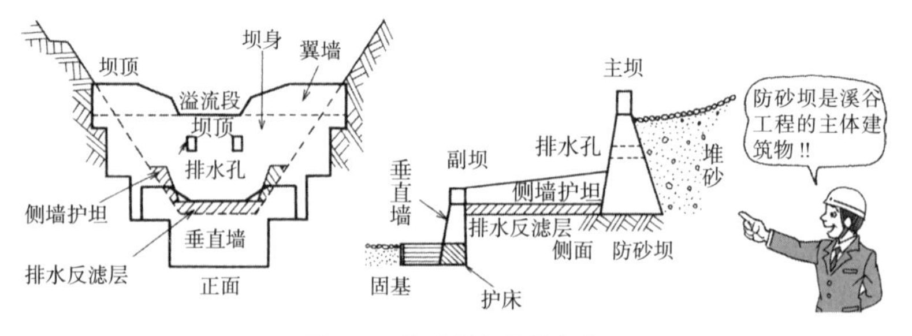

图 8.7　防砂坝各部位名称

溪　谷　工　程

（1）防砂工程中，为防止土砂堆积或流失，预防水流对溪谷和溪岸造成侵蚀而进行的治理工程称为**溪谷工程**。

（2）溪谷工程包括**筑坝**（防砂坝）工程、**固床工程、护岸工程、折流坝工程、水路治理工程**等，一般情况下固床工程和护岸工程同时进行。

防砂坝的施工

（1）当溪谷地形包括基础和两岸时，主坝的溢流段设在坝身的中央。

（2）坝身的翼墙部分应面对两岸向上放坡，使洪水即使溢流，也不会直接冲向山脚。

（3）**下游护坦工程**是为了防止主溢流的冲刷，在副坝下游设置的混凝土结构。

图 8.8　防砂坝（防砂堰堤）（京都市贺茂川）

图 8.9　水路治理工程（京都市贺茂川）

护岸与折流坝工程

护岸与折流坝工程见 p.142 ~ p.143 的河道工程。

河道工程

河道工程是为防止砂砾堆积、山麓中平缓地区山洪泛滥而设置的河道构筑物。

为保证一定宽度的水路，对两岸进行护岸施工。护岸施工与固床工程同时进行。

图 8.10　护岸工程（京都市贺茂川）

图 8.11　潜坝（兵库县三田市）

4 山地陡坡崩塌防治工程

防砂工程（山地、陡坡）

山坡治理工程

（1）防砂工程的一种，将山坡削挖成台阶状，设置排水沟或种植草木以防止山体塌方的工程称为**山坡治理工程**。

（2）山坡治理工程包括**山坡挖填工程、山坡覆盖工程、山坡造台工程、排水工程、种植工程**等。

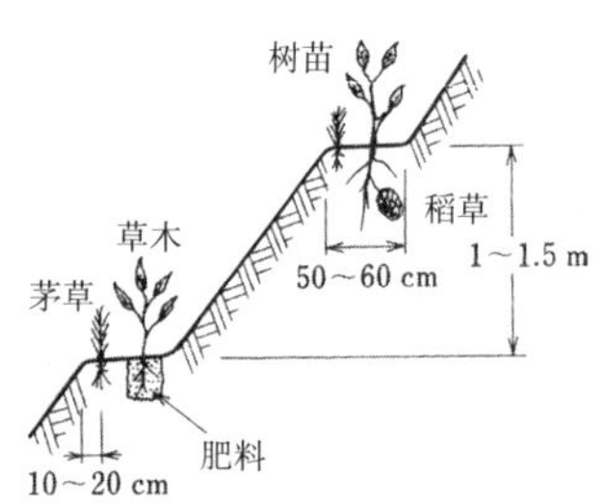

图 8.12　山坡治理工程

山坡挖填工程

（1）对于陡峭和凹凸不平的坡面进行挖填处理，将坡面改造成斜率 1 : 1 ～ 1 : 1.5 坡面的施工称为**山坡挖填工程**。

（2）山坡挖填工程是山坡覆盖工程和山坡造台工程的地基处理工程。

山坡覆盖工程

（1）为防止地表水侵蚀或霜冻融雪等引起的滑坡事故，对山体坡面进行覆盖层施工以保护坡面的工程称为**山坡覆盖工程**。

（2）山坡覆盖工程有**柴枕工程**和**柴排工程**。

（3）在凹谷处进行地面加固和设排水沟。

山坡造台工程

（1）在山坡倾斜面设置台阶，并通过种植植物保持土体稳定的工程称为**山坡造台工程**。

（2）山坡造台工程包括**砌石工程、植苗工程、布筋工程、植桩**等。

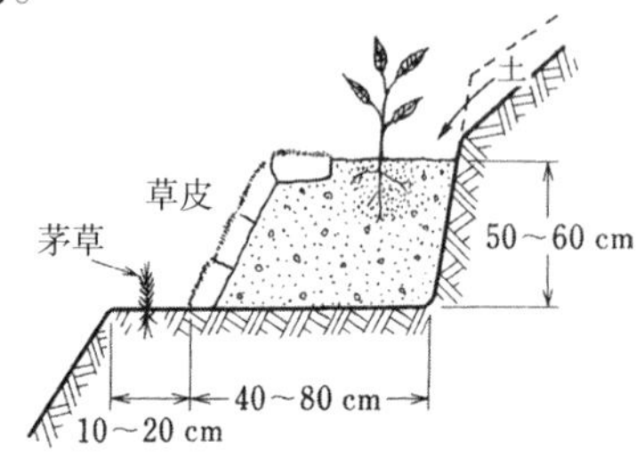

图 8.13　山坡造台工程（植苗工程）

滑坡治理工程

滑坡治理工程是为消除造成滑坡的原因而采取的措施，主要方法有以下几种：

（1）为防止雨水或融雪渗入地下，铺设水路网进行排水的**山体有组织排水工程**。

（2）为防止地下水位上升，设置**暗渠、集水井、横洞、排水隧洞**等将地下水有组织排出的**地下水排水工程**。

（3）为防止滑坡而进行的**植桩工程**。

山体塌方治理工程

山体塌方治理工程是指，为防止地震、暴雨等引起陡峭山体塌方和土砂崩落对陡坡下村落、铁路、道路等造成破坏采取的陡坡处理方法。主要方法有以下几种：

（1）在陡峭山崖的下部浇筑混凝土护壁，直接防止土砂崩落的**护壁工法**。

（2）在混凝土坡面布置混凝土框格，然后在框内**植树**或**填石**的**坡面混凝土框格填石（植被）施工方法**。

（3）在坡面直接喷射混凝土，形成混凝土保护层的**喷射混凝土工法**。

图 8.14 山体塌方治理（京都府伊根町）

图 8.15 集中强降雨引发的泥石流

例题 1 溪谷保护河床处理方法

在溪谷保护河床整治工程中，经常采用以下哪种方法？

（1）砂笼河床方法　　（2）混凝土河床方法

（3）刚性河床方法　　（4）框格河床方法

（答案）（4）河床整治一般采用重力式混凝土形式，滑坡和软弱地基整治常采用框格河床方法。

5 大坝工程

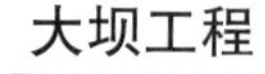

根据地形和地质条件的不同，大坝的形式多种多样！

混凝土坝

（1）在日本筑造的大坝，以往采用最多的是混凝土形式。

（2）筑造混凝土形式的大坝需要坚固的岩石地基。由于近年来岩石地基越来越少，土石坝的形式逐渐增加。

导流工程

（1）大坝建设过程中，为了使施工顺利进行，临时截流或使水流改道的工程称为**导流工程**。

（2）**导流施工**有**半河道导流方法、临时排水隧洞导流方法、临时明渠导流方法**等。

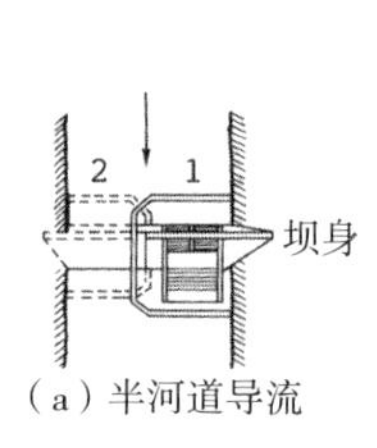

（a）半河道导流

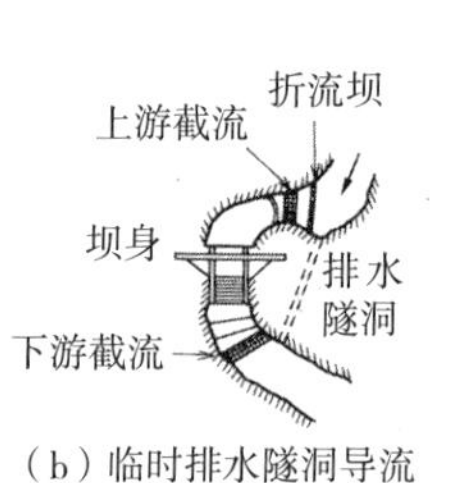

（b）临时排水隧洞导流

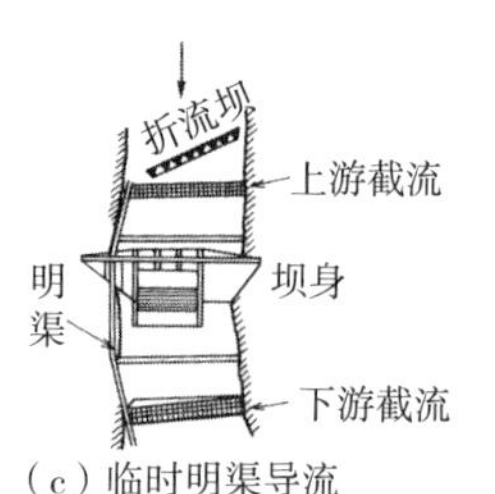

（c）临时明渠导流

图 8.16　导流工程

施工工序

（1）大坝施工工序为①**导流工程**，②**基础开挖**，③**混凝土浇筑**，④**灌浆**。

（2）**基础开挖**采用推土机、铲式挖掘机与**爆破**混用方法。

（3）**混凝土浇筑**时，用**管冷却法**降低水化热。

（4）**灌浆施工**包括**帷幕灌浆**和**固结灌浆**等。

图 8.17　混凝土浇筑中的防砂坝

（1）**土石坝**主要有两种形式：①由不透水的土料、砂砾均摊堆砌形成的**土坝**，②由防渗体和支承防渗体的坝主体组成的**石坝**。

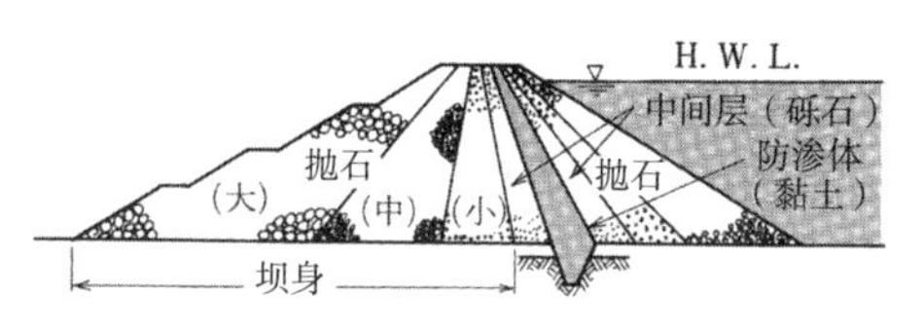

图 8.18 石坝

（2）石坝不受地质条件限制，由大量的岩石料堆积而成。如果能就地取材，在施工现场附近购得石料，在经济上将非常有利。

（1）防渗料采用防渗性强的良质黏土中可以充分压实且比较干燥的材料。

（2）防渗体的压实作业采用羊角碾压路机，以利于破碎土块和提高碾压层之间的黏结效果。防渗体与大坝轴心方向平行（与河道方向垂直）施工。

填 石 区

（1）进行填石区的堆石作业时，应尽量避免在填石交界区和基脚处集中堆积大块岩石。

（2）为了保证堆石上下层之间的良好嵌合，在堆积上层填石时，应对下层碾压面岩石进行翻松处理。

（3）帷幕灌浆是为了阻止渗透水对大坝基础的侵蚀，完成防渗体施工后，在检查廊内进行。

碾压混凝土工法（RCD 工法）

（1）大坝施工方法中的 **RCD 工法**采用干硬混凝土，一般由翻斗卡车搬运、用压路机摊铺混凝土并压实。根据地形条件的不同有时也采用其他搬运方法。

（2）施工时在堤体全平面上采用**分层连续浇筑方式**，混凝土每层浇筑厚度约 75 ~ 100cm。

（3）为尽量抑制硬化温度上升，RCD 工法中采用的混凝土应减少单位水泥用量，为了能充分自然散热，限制每次混凝土的浇筑高度并限制浇筑速度。

（4）未对管冷却的混凝土温度进行规定。

6 海岸工程

海岸堤防是保护周边村落不受波浪等侵袭的重要构筑物

海岸堤防

海岸堤防是为保护周边的村落不受波浪、潮汐、海啸等侵袭而修筑的构筑物。

堤防形式

堤防或护岸中，堤防迎水坡坡度 1∶1 以下的缓堤称为**斜坡式堤**，大于 1∶1 的陡堤称为**直墙式堤**，堤上方和下方的坡度分别为超过 1∶1 和未满 1∶1 的堤称为**直斜复合式堤**。

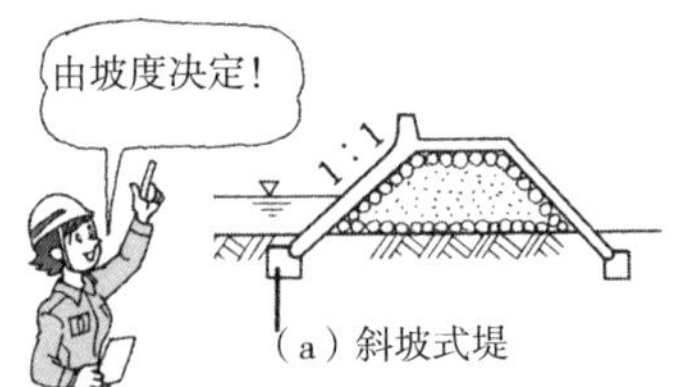

（a）斜坡式堤

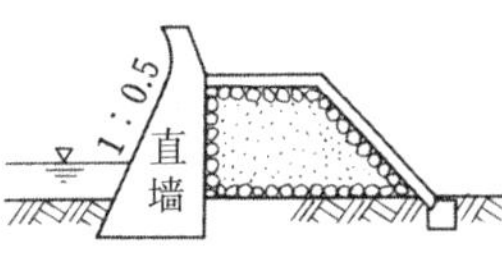

（b）直墙式堤

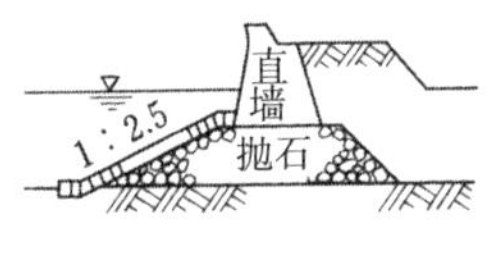

（c）直斜复合式堤

图 8.19　海岸堤防形式

海岸堤防施工

海岸堤防施工的内容包括：**消浪块体工程，基础工程、截水和护基工程、迎水坡面护岸工程、防浪墙工程、堤顶护面工程、背水坡护岸工程、排水工程**等。

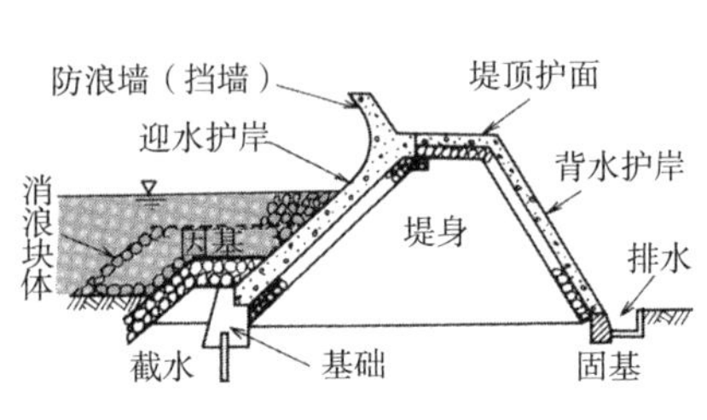

图 8.20　海岸堤防

图 8.21　阪神、淡路大地震的受灾情况（神户市人工岛）

（1）**防波堤**是为了维持水面平稳、抵御波浪对港湾设施和船舶的危害设置的**外围设施**。

（2）防波堤从结构上分为**直立式防波堤、抛石（混凝土块体）防坡堤、混合式防波堤**。

图 8.22 消浪块体防波堤

图 8.23 地震造成岸墙沉降 1m 多

海岸的防冲蚀措施

①在海岸铺设砂层修建海滩，既可以起到消浪的作用又可以有效利用海岸。②在离海岸数十米的海中修建与海岸线平行的离岸堤。

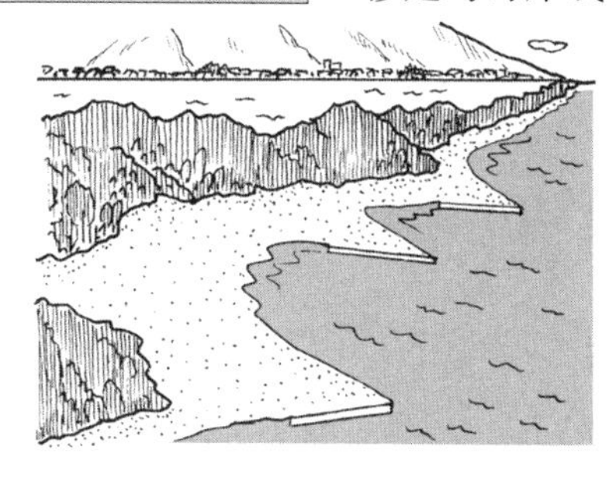

图 8.24 海岸防冲蚀措施（造滩方法）

图 8.25 海岸防冲蚀措施（离岸堤）

例题 2 港湾的防波堤施工

以下关于港湾防波堤施工的叙述中，哪项是**不正确**的？

（1）斜坡式堤适用于水深深的大型防波堤。

（2）沉箱式混合堤中基础抛石的作用，主要是为了扩散直墙荷载，防止水流冲蚀地基。

（3）直立式堤适用于地基坚硬、不怕水流冲蚀的场所。

（4）混合式堤适用于水深深或地基软弱的场所。

（答案）（1）斜坡式堤适用于水深浅、波浪小的防波堤。

第 8 章　问题

问题 1　以下关于河道堤防施工的叙述中，哪项是**正确**的？

（1）修筑堤坝计划中，土方量变化系数 C（压实土量 / 天然土量）一般情况下应大于 1.0。

（2）堆土施工中，为防止雨水大量流入，在施工面上应沿堤坝纵向放 3% ~ 5% 的排水坡。

（3）堤坝土分层压实施工时，每层的压实厚度取 50cm。

（4）加宽既有堤坝截面时，应预先在原有堤坝上削挖梯步高度 50 ~ 60cm 的台阶。

问题 2　以下关于河道堤防施工的叙述中，哪项是**不正确**的？

（1）在软弱地基上修筑堤坝时，当发生意想不到的情况时应立即追查原因，进行动态观察以采取弥补措施。

（2）在软弱地基上进行堆土施工时，为保证地基的稳定性，应通过快速堆土减少残余沉降量。

（3）修筑河道堤防时，应尽量采用压缩性小的良质砂土进行填土和压实作业，防止水流的冲蚀和渗透。

（4）在水田或草地等湿地上修筑堤坝时，一般情况下应先挖沟进行排水，根据土质软弱程度考虑是否换土。

问题 3　以下关于河道堤防施工的叙述中，哪项是**不正确**的？

（1）进行护基施工是为了防止水流对河床的冲蚀，保护堤脚和护坡，应在湍急河流和河口处设置。

（2）进行混凝土干砌施工时，一般在坡缓流速小的地方采用平板砌块砌筑方法，在坡陡流速大的地方采用单元砌块砌筑方法。

（3）造成河道护岸破坏的主要原因多为基础被冲蚀，因此针对洪水时水流对河床的冲蚀，基础和护脚必须有足够的深度以保证护岸安全。

（4）混凝土框格法施工可增加护岸的粗糙度，在陡坡护岸工程中经常采用。

问题 4　以下关于防砂堰堤（防砂坝）施工的叙述中，哪项是**正确**的？

（1）防砂堰堤上设置的排水孔主要用于施工中对水流拦蓄的切换，堰堤主体修建完成后，原则上应进行封堵。

（2）为防止洪水漫堤时流向两岸，防砂堰堤两翼的斜度原则上应做水平状。

（3）防砂堰堤的施工顺序一般为主堰堤基础、副堰堤、侧壁护岸、护床，最后是主堰堤的上部。

（4）防砂堰堤堤体下游的坡度原则上应尽量平缓，一般约为 1 ： 0.5。

问题 5　以下关于滑坡治理施工的叙述中，哪项是**不正确**的？

（1）滑坡治理措施应先采用消除或减轻危害的方法，然后采用支挡方法，应尽量避免只采用支挡方法。

（2）消除危害方法中的排水隧洞工法是在地层中布置排水隧洞，通过排水隧洞排出地下水的方法。

（3）支挡方法是通过改变地形、地下水等不同自然条件的状态，达到减轻滑坡移动目的的工法。

（4）支挡方法中，植桩施工方法是将钢管桩等插入滑动面以阻止滑坡的方法。

问题 6　在砂砾层上筑造防砂堰堤时，以下所示施工顺序哪项是**正确**的？

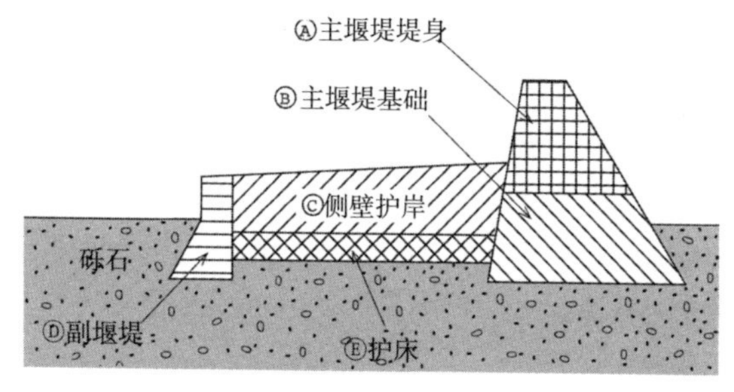

（1）Ⓑ→Ⓔ→Ⓓ→Ⓐ→Ⓒ

（2）Ⓑ→Ⓓ→Ⓔ→Ⓐ→Ⓒ

（3）Ⓑ→Ⓓ→Ⓒ→Ⓔ→Ⓐ

（4）Ⓑ→Ⓔ→Ⓒ→Ⓓ→Ⓐ

问题 7 以下关于混凝土坝施工的叙述中，哪项是**不正确**的？

（1）进行堤坝基础开挖时，应尽量减少对基岩造成损伤，一般采用可大开挖的台阶工法。

（2）浇筑混凝土堤坝时，一般采用在堤坝平面上水平连续施工的面施工方法。

（3）用于修筑堤坝的混凝土配料中，应避免使用水化热小的粉煤灰水泥。

（4）为防止水流从堤坝基岩岩隙处外渗，应用水泥浆液采用压力灌浆法对岩隙进行封堵。

问题 8 以下关于堤坝 RCD 工法的叙述中，哪项是**不正确**的？

（1）RCD 工法应采用减小水泥等胶结材料单位含量的干硬混凝土。

（2）堤坝内混凝土的搬运，一般采用翻斗式卡车。

（3）混凝土的捣实作业一般采用振动压路机。

（4）混凝土的摊铺作业一般利用推土机进行一次摊铺压实施工。

问题 9 下图为斜坡式海岸堤防结构。以下所示（a）~（c）结构名称的组合中，哪组是正确的？

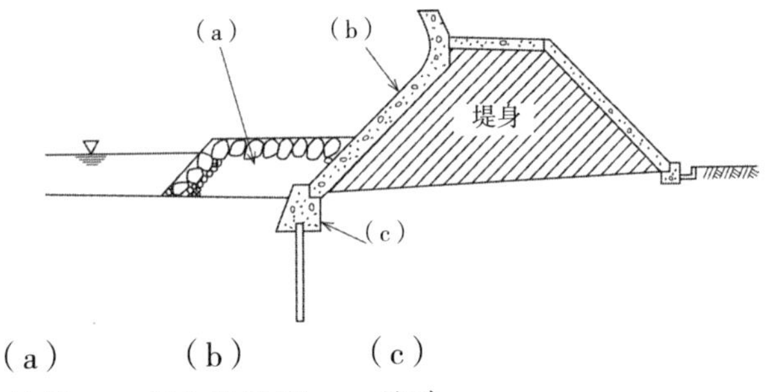

（a）	（b）	（c）
（1）护基	——背水坡护岸——	基础
（2）基础	——背水坡护岸——	护基
（3）护基	——迎水坡护岸——	基础
（4）基础	——迎水坡护岸——	护基

第9章 环境友好型土木施工

从远古时代开始，人类沐浴着地球上空气、水、土的恩惠，不断地繁衍生存。然而随着18世纪中叶工业革命的到来，人民在生活中开始大量使用石油、煤等化石燃料，使空气中二氧化碳（以下简称CO_2）的浓度不断增加，由此引起了地球温度的不断上升。特别是20世纪以后的近100年，气温上升显著，据称地球的平均气温上升了0.6度。

这种现象表现为21世纪炎热天气增加，台风范围扩大，局部出现罕见暴雨。另一方面，有些地区出现了极端干旱和沙漠化，这种极不平衡的现象令人担忧。为了防止事态进一步恶化，将一个美好富饶的地球传给下一代，要求我们每一个人更加注重节约资源和能源，要求我们的社会摆脱大量生产、大量消费、大量产生垃圾的生活方式，以减轻地球环境的负担，变革为可持续发展的良性循环社会。

考虑环境的实例——体育馆的屋面绿化（大阪市中央体育馆）

1 创建环境友好型社会

建设行业 CO_2 排放量所占比例

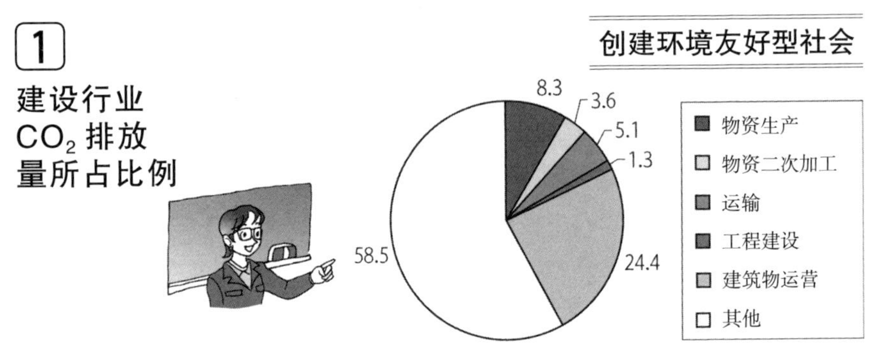

建设行业 CO_2 排放量

（1）在日本 CO_2 总排放量中，与建设行业相关的约占40%。

（2）在建设行业的排放量中，建筑运营所占比例最大，达到25%，建设工程直接排放量约占1%。

（3）建造好的建筑物，在使用过程中长期对环境产生影响，因此建设环境友好型建筑非常重要。

用生态循环技术控制 CO_2 排放量

要实现建设行业 CO_2 的减排，在进行规划时，不仅仅要考虑建设施工过程，而应对从规划、设计、物资调度到工程完成后的维护和运营的全生命周期进行通盘考虑。

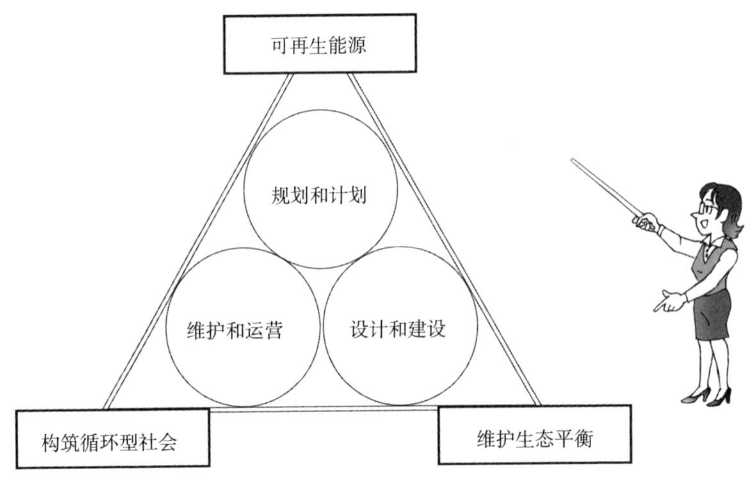

图9.1　建筑物全生命周期的 CO_2 排放量控制

购买零碳电力

（1）除了建设工地，支撑建设工地的办公建筑（总部、分部、各个分公司）使用的电力在发电过程中也会排出 CO_2。

（2）利用太阳能、风能、**生物能**等进行发电时，发电过程几乎不排放 CO_2。建设工地的办公室可通过购买由上述清洁能源生产的电能，达到降低 CO_2 排放量的目的。

（3）**生物能发电**是指，使用如木材、下水中污泥、家畜粪尿、剩余饭菜等可再生的有机物作为能源进行发电的方法。

购买低碳物资

（1）建设工地使用的钢材（钢、钢筋），可通过使用由废铁废料再生的电炉材料，减少 CO_2 排放量。

（2）通过用高炉水泥代替普通水泥，减少建设物质生产过程中的 CO_2 排放量。

采用环境负荷小的施工方法

（1）建造混凝土结构的建筑时，必须使用模板和脚手架。

（2）在设计阶段减少模板及脚手架用量，通过减少由热带林生产的合成板数量，减少环境负荷。

保护生态环境，进行文明施工

（1）在日本东北地区某县的堤坝建设现场附近发现了熊鹰出没的踪迹。

（2）处于保护熊鹰生存环境的考虑，在堤坝建设过程中采取了以下措施：

① 临时设施的涂装颜色采用深绿色。

② 照明采用对熊鹰干扰小的钠灯。

③ 为了减少混凝土搅拌时的噪声，在混凝土搅拌站的搅拌机上设置了遮音板。

④ 为了有利于熊鹰的产卵和哺乳，在昼夜施工的道路两侧设置了遮光网。

图 9.2 工程用道路遮光网

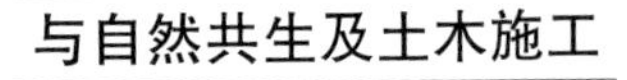

2 市区中的环境友好型游泳池（东大阪市）

以前的河道工程

（1）近年来，暴雨引起的城市河道泛滥给城市生活带来了深刻的问题。以往的河道护岸多采用混凝土砌筑方法。

（2）一直以来在河道工程规划时，为了水流顺直都是采用直线形状，虽然能够满足功能需求，但创造出来的空间单一且缺乏魅力。

（3）改造成直线的河道失去了河道自身具有的自净化能力，再加上局部大暴雨的袭击，造成上游的雨水直接冲入下游使下游水位快速上升，引发城市局部河水泛滥的危害。

（4）重新认识如图9.4所示以混凝土结构为主体的护岸，研究和探讨可发挥河道自净化能力的工法。

图9.3 城市中传统的河道

与自然共生的施工方法

（1）近些年人们对幸福的意识从有形到无形，也就是说逐渐向更重视生活品质和享受生活的方向变化和发展。

（2）更加关注结构主体完成后，住地居民的满意度和动植物的配置。因此开始采用与自然共生的护面施工方法。

图 9.4 混凝土堤防河道

多自然元素的河道治理

（1）近些年在进行河道治理时，多采用通过重现接近自然形态的河道形状，充分发挥河道自身净化功能的理念。

（2）由此为实现居民休闲的亲水场所且充满自然气息的河道工程，开始了“**多自然元素的河道治理**”工作。

（3）“多自然元素造河工程”是指，发挥河道自身净化功能，确保治水功能的造河工法。

（4）**图 9.5** 是流经京都市内的高野川下游水域，作为充分考虑了自然的河道，营造出了与古都——京都的街巷融于一体的景观。

（5）**图 9.6** 是流经高知县内的小河道下游水域，作为利用河道自然形态的湖泊，受到当地人们的喜爱。

图 9.5 多自然元素造河工程（京都市・左京区）

图 9.6 利用河道自然形态改造的湖泊（高知县・黑潮町）

3

考虑生态的施工方法

减缓水势保护护岸的折流坝

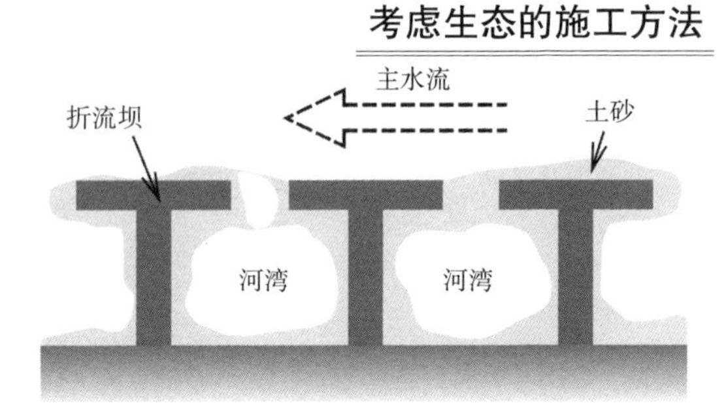

柴排沉床工法

（1）柴排沉床工法具有容易适应河床变化，可以随着以后河床变化而改变等特点，由于富有柔软性，适合在河道护岸的护基工程中使用。

（2）一直以来，淀川、木曾川、利根川的河道工程中都是采用这种工法。

（3）该工法在防止海滨沙滩侵蚀的离岸堤的基础中采用外，还在防波堤的基础中采用。

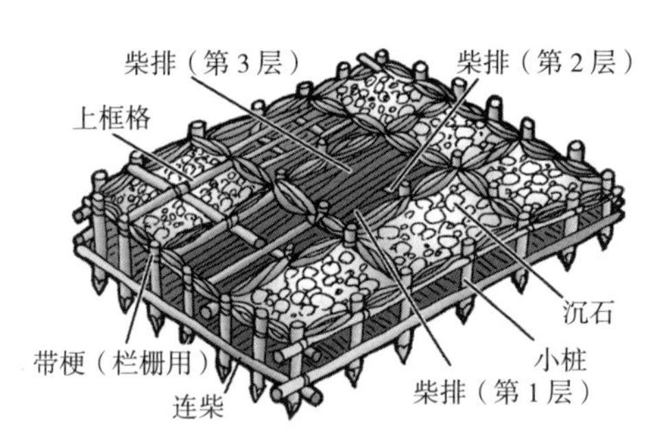

图 9.7 柴排枕垫图

图 9.8 利用丰水期和枯水期水势差河湾（淀川）

水生生物及动植物的生存空间

（1）使用柴排沉床工法时，由于各填料之间的间隙形状多样、流速变化大，确保了各种小鱼类、水底动物等各种水生生物的生存空间。

（2）河湾由于设置了折流坝，历经多年在折流坝周围土砂堆积，沿河流方向形成了一列池子形状的河道景观。

（3）当水势上涨时，河湾与主流汇为一体。虽然汇为一体，但河湾中的水基本上不流动，保证了各种稀有水生动植物的栖息空间。

（4）折流坝是将柴排沉床等由河岸向河中央延伸设置的突出水面的构筑物，可以减缓水势使土砂堆积，起到形成稳定水路的作用。

（5）由折流坝围合的区域不仅水流平稳，而且柴排沉床可以净化河水，因此适合鱼的产卵和幼鱼的生长，最终可成为养育固有生物的自然养殖基地。

不截断水流的飞机跑道工程

（1）在海上的羽田机场，已经建成了第四条不截断多摩川水流的机场跑道。

（2）第四条跑道的部分规划用地与多摩川河口的水域交叉，如果用砂土将这部分水域回填，可能会引起河水水流变化，也会对在该处栖息的生态系统造成影响。

（3）考虑到上述原因，设计时采用了混合结构形式。即在多摩川河口区域采用栈桥结构以保证水流，其他部分采用填埋构造。

（4）为了减轻栈桥结构中的钢结构材料在海水侵蚀下生锈，减少运营后的维护次数，结构的使用寿命按 100 年设计。

（5）填埋部分的设计，通过将护岸作成缓坡形式，保证了可供多种生物生存的栖息环境。

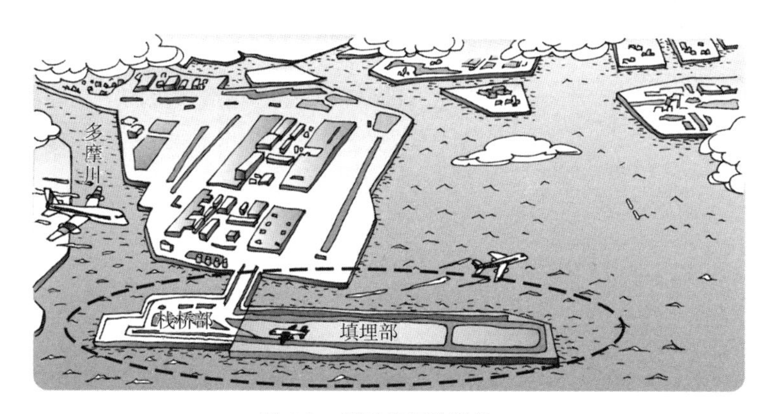

图 9.9　羽田机场跑道施工

4 城市、自然与人相互融合的综合商业设施

土木施工中的环境保护措施

考虑环境因素的景观设计

（1）过去很多公共建筑不考虑各区域的特点，进行一样的设计和施工。

（2）其结果造成地方魅力的丧失，人们开始远离失去魅力的地方涌向城市，由此引发了各种环境问题。

（3）最近要求必须站在地方居民的角度考虑公共事业的应有形式。

减轻环境负荷（环保技术）

（1）减少开发对自然环境的影响而采取的措施，即**保护环境措施**被称为**减轻环境负荷**。

（2）要求开发商或经营者在生产活动中尽量避免或减少对环境的影响，研究环境保护措施，并根据需要进行赔偿。

就地取材创造地域森林

（1）曾被开发商违法开发的京都一条山，除山顶外所有树木被砍伐殆尽，造成严重的**景观破坏**。

（2）为了使这座山重披绿装，以环境绿化技术为着力点，实施了以技术为主导的改造工程。

（3）一条山的再生工程采用了**压入工法**。这种工法虽然使土质的力学强度有所降低，但利用芦、苇、蒿的硅酸性质可以使土壤加速胶质化，使坚硬的土质尽早软化，以利于植物生长。

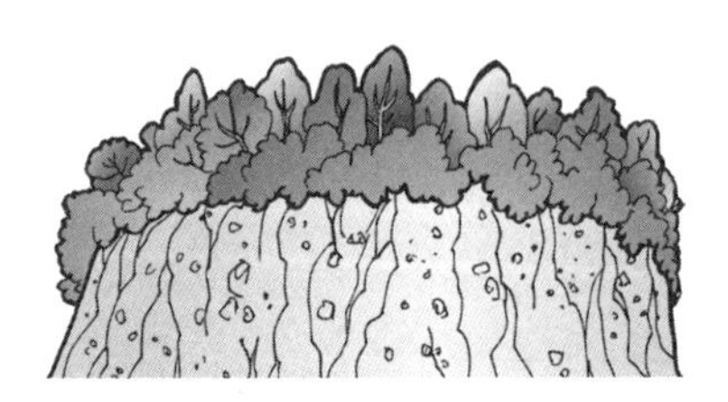

图 9.10　象征景观遭到破坏的山林

图 9.11　环境得到保护的山林

城市交通系统的高效化

（1）**快速地下通道工法**（UPUP 工法）可以实现短时间内使城市的道路或铁路形成立体交叉。

（2）该工法通过城市道路或铁路的立体交叉，使缩短工期、顺利施工成为可能。

（3）利用盾构机从地面向地下前方推进，打通隧道。由于施工不需要开挖和设桩，施工工期是传统工法的 1/3。

（4）该工法可以大幅度减少由施工引起的交通拥堵和噪声，还可以为减少 CO_2 排放作贡献。

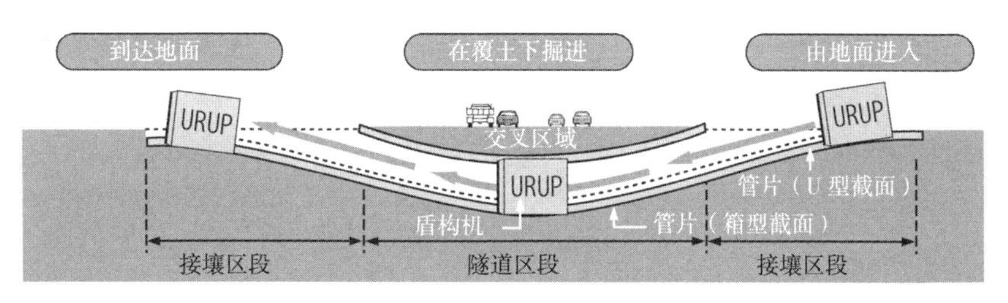

图 9.12 快速地下通道工法

地下高速公路的建设

（1）大城市中的慢性交通堵塞病，不仅造成经济上的损失，而且由于机动车尾气排放使环境恶化。

（2）为了解决这一问题，开始实行地下高速公路和铁路的建设计划。

（3）**分线并线盾构机施工工法**（ES-J 工法）是针对地下高速公路的分线并线开发的施工方法。

（4）该施工工法避免了地面开挖引起的交通阻塞，可减少大气污染并在小空间内进行地下构筑物的施工。

图 9.13 ES-J 工法

5 与环境相关的法律法规

日本《环境基本法》概要

《环境基本法》中定义的公害及其规定

（1）**公害**是指在生产活动和人类生活过程中产生的对人类健康和生活环境造成危害的事情或现象。

（2）公害有**大气污染、水质污染、土壤污染、噪声、振动、地基下沉、恶臭**，共7种类型。

（3）《环境基本法》中规定了以防止公害为目的的保护环境的基本事项。该法规中阐述了环境保护的基本理念，明确了国家、地方公共团体、企事业单位、国民各自应负的责任。该法规的制定为促进环境保护总政策的实施、推进人类福祉社会的实现作出了贡献。

①环境负荷：由于人类活动引起的可能对环境造成损害的因素。

②保护地球环境：防止由于人类活动造成的全球气候变暖、臭氧层破坏、海洋污染、野生动物减少，使地球环境更加美好。

7类典型公害

大气污染、水质污染、土壤污染、噪声、振动、地基下沉、恶臭被认为是**典型的7类公害**。

（1）**大气污染**（《大气污染防治法》）

①自然或人为因素对空气的污染称为**大气污染**。产生的主要原因有工厂排放的煤烟、粉尘，机动车排放的尾气等。

②防治措施：可以对工厂产生煤烟设施的排放口进行限量规定、浓度规定，对全球排放量进行总量限制，对机动车尾气设置排放量容许值等。

图9.14　大气污染

（2）水质污染（《水质污染防治法》）

①工厂排水或生活排水流入干净的水中使水中含有有害物质，造成江河、湖泊、海洋等水域水质

恶化的现象，称为**水质污染**。

②《环境基本法》中定义的水质污染公害是指，伴随着生产活动和人类生活活动，水质污染在相当大的范围内发生，对人类健康或生活环境造成损害的情况。针对水质污染，按照《水质污染防治法》采取措施，以达到环境标准的要求。

图 9.15 水质污染

（3）**土壤污染**（《土壤污染防治法》）

①由于事故、化学物质侵蚀土壤或违法倒土等，使有害物质污染土壤的现象称为**土壤污染**。

②当土壤中的有害物质过多、超过了土壤的自我净化能力时，会造成地下水污染等环境污染问题。

③ 20 世纪 60 年代曾发生过由汞、镉等化学物质引起的公害，损害了人和动物的健康，造成了植物枯萎等，在当时成为严重的社会问题。

图 9.16 土壤污染

（4）**噪声**（《噪声标准》）

①影响睡眠、妨碍他人说话等损害生活环境的“令人不快的声音”、“最好没有的声音”等被称为**噪声**。

②生活中有各种噪声，发生源有建设工地、工厂及生产企业、各种交通工具、生活噪声等。按照《噪声标准》采取措施以达到环境标准的要求。

（5）**振动**（《振动标准》）

①振动公害是指建设工地、工厂及企业、各种交通工具的运行、人为因素产生的地面振动、建筑物振动等造成损害成为公害的情况。

②《振动标准》中针对垂直振动进行了限制，并制定了防止振动影响的必要措施。

（6）**地基下沉**

①**地基下沉**主要是指在软弱地基区域，由于过分开采地下水，使土层压缩、地面下沉的现象。在经济高速增长的年代，由于对地下水的需求过大，在大城市和工业城市多次发生地基下沉事件。因此在 20 世纪 60 年代制定

了对地下水开采抽取的限制政策。

②为防止地基下沉，有些地区出台了条例，内容包括保证代替水源、合理使用水源、限制地下水的开采抽取量、设置减水目标等。

（7）**恶臭**（《恶臭防治法》）

①**恶臭**是以令人产生不快感的感觉为主，主要指给生活环境带来不好影响的令所有人讨厌的气味。

②《恶臭防治法》对产生恶臭原因的恶臭物质进行了规定，对工厂等恶臭物质的排放、泄露等进行了地域限制，并规定了对规章制度必须严格遵守，针对规范标准的设定以及对违反者。发出改善规劝和改善命令制定了具体措施。

环境管理体系

（1）**环境管理体系**在 **ISO14000 族**中进行了规定。

（2）在ISO14000族环境管理体系中规定了“确定环境保护的计划、方针、目标”（Plan），“计划的实施、运营和记录”（Do），“计划等的检查和改进措施”（Check），“计划等的修改”（Action）。这一过程称为 **PDCA 循环**。在实施循环过程中，持续得到改进。

建设工程的环境问题

（1）在建设工地，为了不引起环境问题，计划时应充分考虑对地域生活环境、自然环境等周边环境的影响。

（2）施工计划中应考虑的环境问题：

①**保护自然环境**（植被保护、生态保护、防止土砂塌方等措施）

②**防止公害**（防止噪声、振动、煤烟、粉尘、水质污染等措施）

③**施工现场环境保护**（防止排放气体、噪声、振动、煤烟、粉尘等措施）

④**周边环境保护**

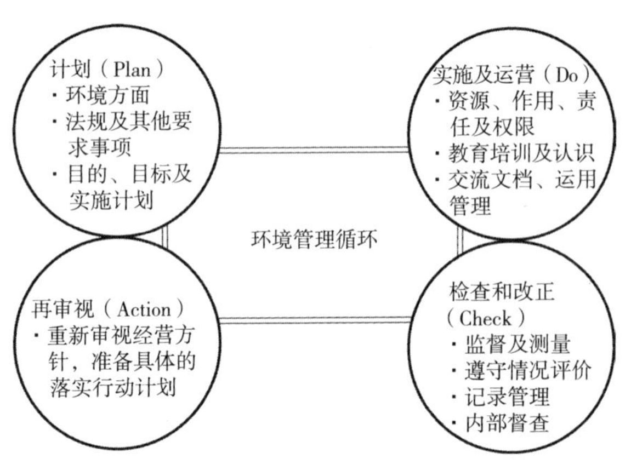

图 9.17　环境保护的 PDCA 循环管理系统

（防止工程车辆对沿线道路构成障碍的措施，挖方工程等对周边建筑的影响，践踏耕地、土砂和废水的外流、水井干枯、电波干扰障碍等造成企业损失的预防措施）

采用机械化施工减少公害

（1）在过陡的道路或有急转弯的公路上行驶，为增加爬坡力或先减速再加速，在提高发动机转速时会产生噪声，因此选择运输线路时应尽量避免有陡坡或急转弯的道路。

（2）高频率振动打桩机是利用频率越高传入土层中的振动振幅越容易衰减的性质开发出来的产品。

（3）虽然降低高频振动打桩机的振动频率可降低噪声，但由于传入土层中的振幅不容易衰减，所以需要调整振动的大小。

（4）履带式土方工程施工机械，一般情况下运行速度越快噪声和振动越大。由于有些履带式机械的伸臂会发出摩擦音和咔嗒声，以及履带与地面的撞击，都会引起振动增加，因此对履带伸臂的调整作业应特别引起重视。

（5）土层压实作业有采用静荷载重轮式机械的，如轮式压路机和碎石机等；有采用振动式机械的，如振动压路机、振动压实机等；还有采用夯式原理机械的，如冲击式夯实机和打夯机等。在施工计划时，应尽量考虑减少噪声和振动。

（6）在上述机械中，应优先考虑采用振动和噪声小的静荷载重轮式压实设备。

第9章 问题

问题1 下列《环境基本法》中规定的“公害”以及与之相关的防治“法律”的组合中，哪项是**正确**的？

	公害	法律
(1)	地基下沉	与建筑用地下水开采相关的限制法律
(2)	大气污染	《恶臭防治法》
(3)	水质污染	《土壤污染防治法》
(4)	振动	《劳动安全卫生法》

问题2 以下哪项**不属于** ISO14000族标准中的管理项目？

(1) 降低对环境的影响

(2) 防止产品品质的离散性

(3) 持续改善（PDCA循环）

(4) 与有利害关系者的交流

问题3 以下哪项**不属于**建设工程环境保护计划中应考虑的环境问题？

(1) 公害问题（噪声、振动等）

(2) 交通问题（工厂车辆通行路上的沿途障碍）

(3) 劳动环境问题（作业环境、劳动条件等）

(4) 周边环境问题（对周边建筑物的影响、自然生态保护等）

问题4 以下关于建设工程中防噪声、防振动的措施中，哪项是**不正确**的？

(1) 选择运输路线时，应避开陡坡和急转弯较多的路段。

(2) 一般情况下，高频打桩机频率越低产生的地基振动越小，噪声也越小。

(3) 采用履带式土工机械时，要特别注意对履带伸臂的调整。

(4) 进行压实施工作业时，原则上应采用低噪声型的施工机械。

第 10 章　土木施工副产品的再生利用

建筑副产品的处理是指建筑施工中产生的建筑残土的回收利用，以及对建筑废弃物等的处理方法。

建筑废弃物的发生量约占总产业废弃物的 20%，最终处理量也基本上占 20%。目前，对建筑废弃物的再利用和减量化工作开展得非常缓慢。主要存在的问题是终端处理场所不足，乱丢乱弃等违法处理现象严重，这其中建筑行业本身也存在问题。为了解决这一问题，正确处理建筑废弃物，积极推行循环再生技术的发展是非常重要的。

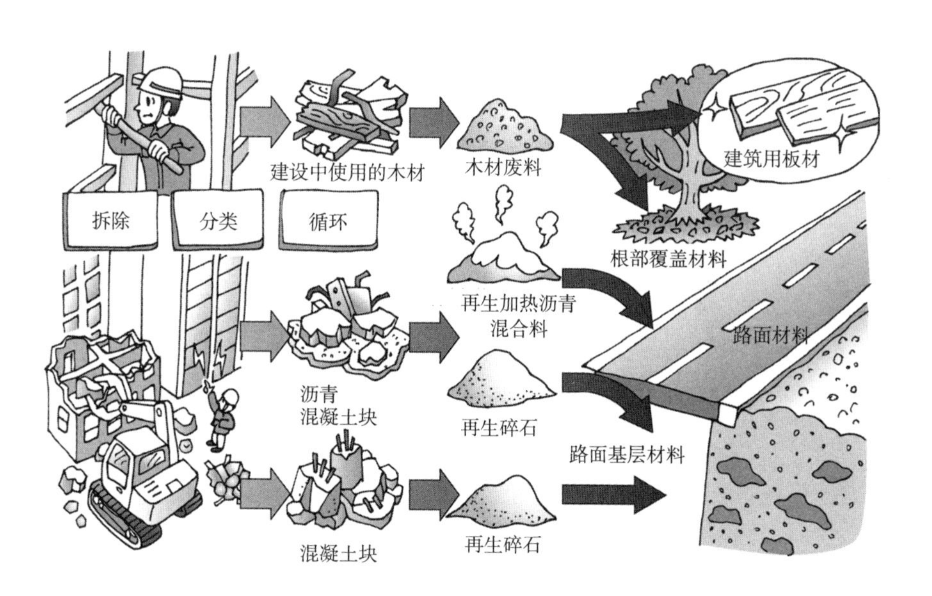

1 努力建设生态循环型社会

3R倡议

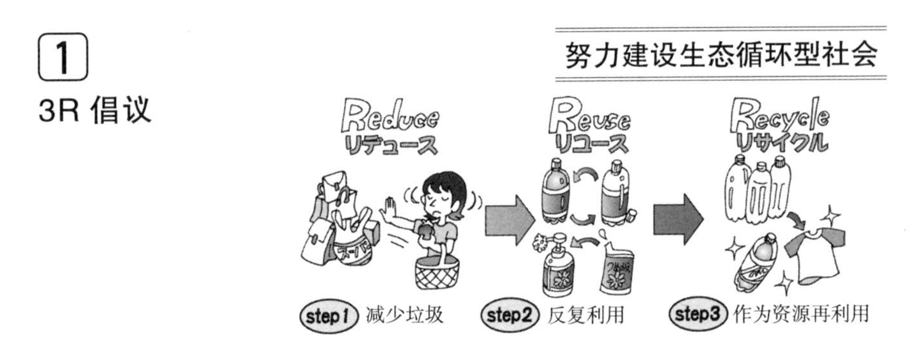

循环型社会

（1）**循环型社会**是指减少垃圾、有限资源反复再利用的社会。

（2）针对产生的废弃物越来越多、没有足够的废弃物处理厂、违法丢弃废弃物日益严重的现象，于2000年5月制定了**《促进建立循环型社会基本法》**。

3R倡议

（1）Reduce：抑制废弃物的发生

（2）Reuse：制品和零部件的再利用

（3）Recycle：作为资源再利用

构筑3R社会今后变得越来越重要。2005年八国首脑峰会上提出了通过实现3R构筑循环型社会目标的“**3R倡议**”，发表了题目为《可持续开发的循环再生科学技术：“3R”行动计划及进展状况》的文章。

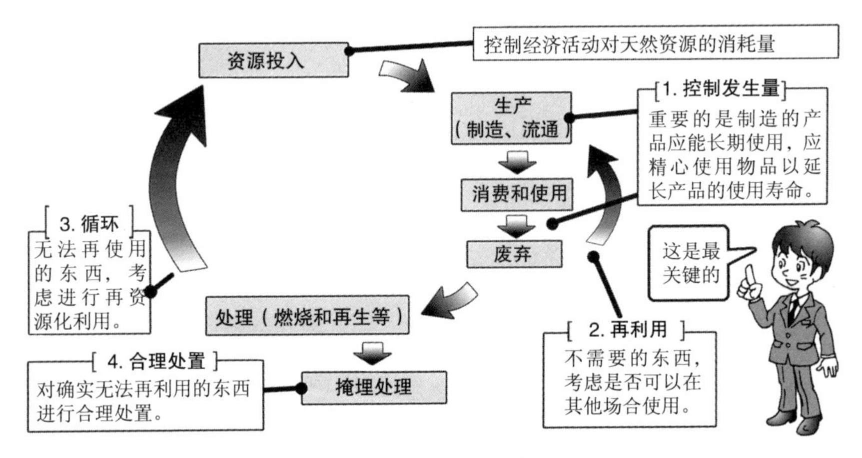

图10.1　循环型社会

废物排放者的责任

通过规定废物排放者对废物进行循环利用的管理责任，要求废物排放者负责废物分类，企业生产者对自身排放的废物进行循环利用和废物处理。

扩大生产者的责任

（1）制造者和销售者对后期产生的废物负有一定的责任。

（2）企业生产者在设计时就应考虑后期方便循环利用和废物处理，在材质的选用上下功夫并作好记录，根据废物的性能进行交易或循环使用。

构筑循环型社会的国家层面策略

为了实现构筑循环型社会的目标，日本政府以立法形式制定了以下规定：

①抑制废物排放措施

②为确保废物合理处置的各种限制性措施

③建设垃圾处理设施时的防公害措施

④促进与推广使用再生产品的措施

⑤违法丢弃垃圾对环境造成损害时的恢复补救措施

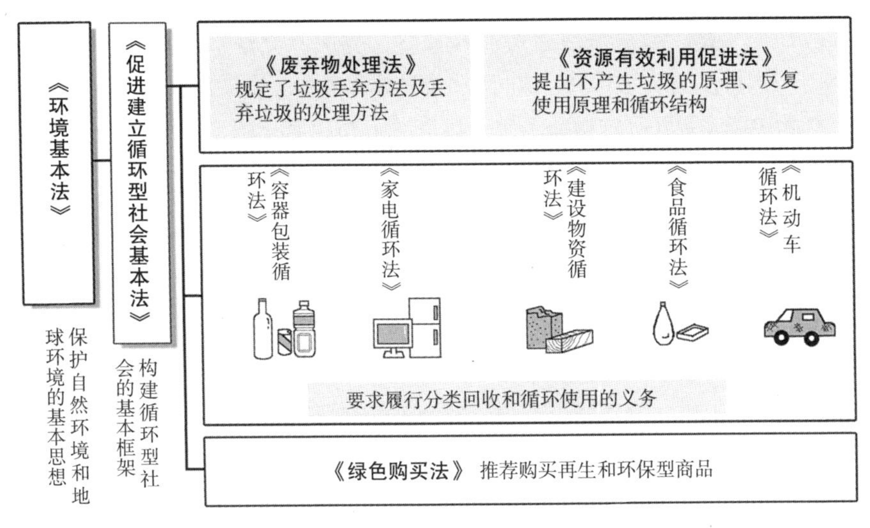

图 10.2 促进构建循环型社会的法律体系

2 有价值物品和无价值物品

《废弃物处理法》和建筑废弃物

《废弃物处理法》

（1）《废弃物处理法》是为正确处理废弃物和保证生活环境清洁，以保护生活环境、提高公共卫生水平而制定的法规。

（2）在无法保证足够废弃物处理设施、违法丢弃垃圾现象增加的现实背景下，对该法规中促进废弃物的正确处理、减量化和循环使用，强化对违法排放垃圾的惩罚措施等主要内容进行了修改。

废弃物分类

（1）无价值废弃物是指自己不再使用、也无法折价卖给他人的物品，如垃圾、大体积废弃物、燃烧残渣、污浊物、粪尿、废油、废酸、废碱、动物死尸及其他污物，以及废弃的固体及液体物质。

（2）钢材等可回收物品不属于废弃物，所以其运输、再利用、处理等不在《废弃物处理法》的适用范围内。

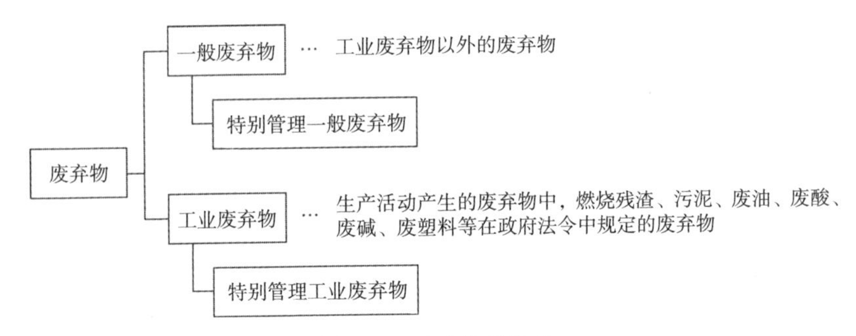

图10.3　废弃物的分类

建筑废弃物

建设工程产生的废弃物主要是工地临时办公设施拆除后产生的一般废弃物，混凝土碎片等建筑废弃物、钢筋头等工业废弃物，以及废石棉、废油等特别管理工业废弃物。

建筑工程废弃物实例 表 10.1

一般废弃物	燃烧残渣	工地内燃烧后的残留物（废物、废纸箱等）
	其他	工地临建办公室、宿舍等拆除后的废料（寝具、浴槽、榻榻米、日用杂货、设计图纸、杂志等）
工业废弃物	建筑废弃物	拆除建筑临时设施后产生的混凝土碎块、其他废弃物 ①混凝土碎块 ②沥青、混凝土碎块 ③碎砖块
	废塑料类	废弃的发泡苯乙烯等包装用材料、废塑料、合成橡胶屑、废轮胎、废塑料布等
	玻璃废料及陶瓷器废料	玻璃碎片、瓷砖、卫生间陶瓷器碎片、耐火砖碎片
	金属废料	废钢材钢筋、金属加工废料、脚手架、金属栏杆废料、废弃的金属容器罐类
	橡胶废料	天然橡胶废料
	污泥	开挖出来的含水率高、颗粒小的泥状物
	废木料	构筑物新建、改建或拆除时产生的废木料（如模板、脚手架等，内装和门窗工程中产生的废料，木结构房屋拆除后的废料等）
	纤维废料	构筑物新建、改建或拆除时产生的废料
	废油	防水沥青、乳化沥青等使用后的残留物（如硬煤沥青等）
特别管理工业废弃物	废石棉等	飞溅型石棉废弃物
	废油	挥发油类、灯油类、轻油类

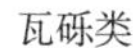
瓦砾类

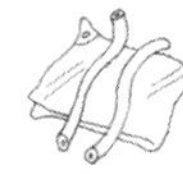
废塑料类

玻璃碎片
陶瓷器碎片

金属废料

木废料

废油

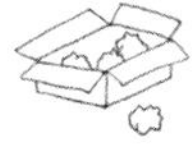
废纸

废石膏板

办公室垃圾

3 混凝土块等的粉碎

废弃物处理责任与工业废弃物管理清单（货单）

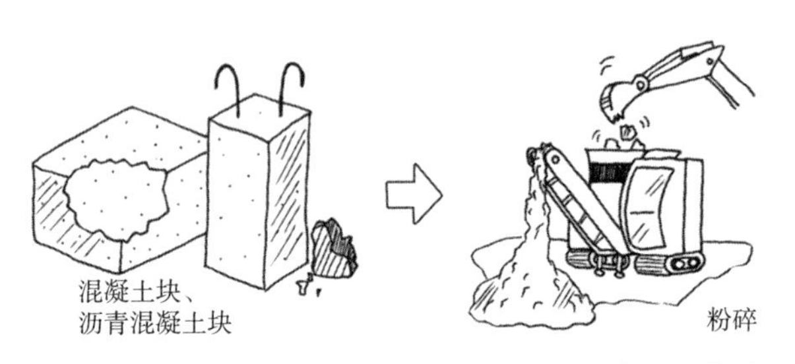

废弃物处理责任

（1）工业废弃物的处理责任由**废弃物排放企业**负责。

（2）在建设工地，从发包企业中标直接工程的承包企业，按照以下的处理标准自行处理，或按照委托标准，委托**废弃物处理企业**进行处理。

①**收集和搬运**：应避免废弃物飞溅遗撒和外流。

②**处理**：废弃物处理设施不应对周边的生活环境造成影响。

③**保管**：保管堆放设施应避免废弃物的飞溅遗撒，或向地下渗透。

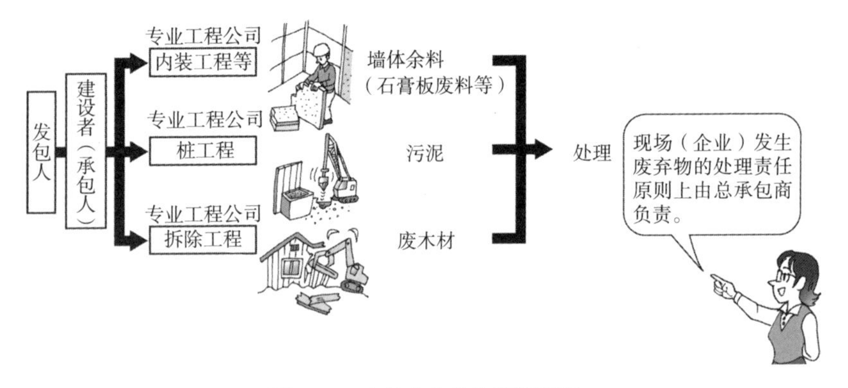

图 10.4　建筑废弃物的处理责任

工业废弃物管理清单（货单）

管理清单的提交按以下规定进行。

（1）排放企业应按照**废弃物的种类**，将管理清单提交给**回收运输**企业及**处理**企业。

（2）**管理清单**应明确记录**废弃物的种类、数量、处理内容**等必要事项。

（3）回收运输企业应将A清单、处理企业应将D清单返还排放企业。

（4）排放企业应每年一次向都道府县的负责人提交相应的管理清单报告。

（5）排放企业、回收运输企业、处理企业应将接收的管理清单复印件**存档 5 年**。

但当符合以下规定时，可不要管理清单。

①当委托国家、都道府县、市町村等进行工业废弃物运输及处理时

②委托不需要工业废弃物企业认证的单位进行处理时

③利用定向连接的输送线进行处理时

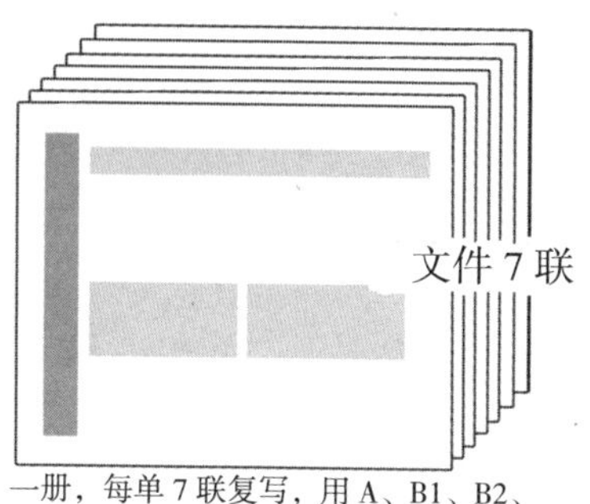

一册，每单 7 联复写，用 A、B1、B2、C1、C2、D、E 装订在一起。

图 10.5 工业废弃物管理清单

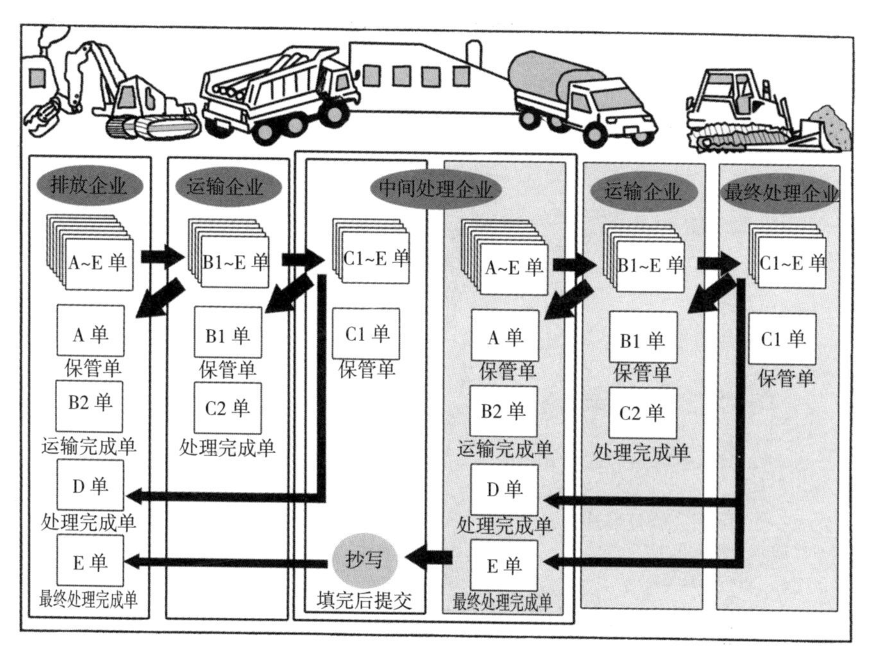

图 10.6 工业废弃物管理清单流程

4 废弃物的再利用与减量化

废弃物的中间处理与最终处理

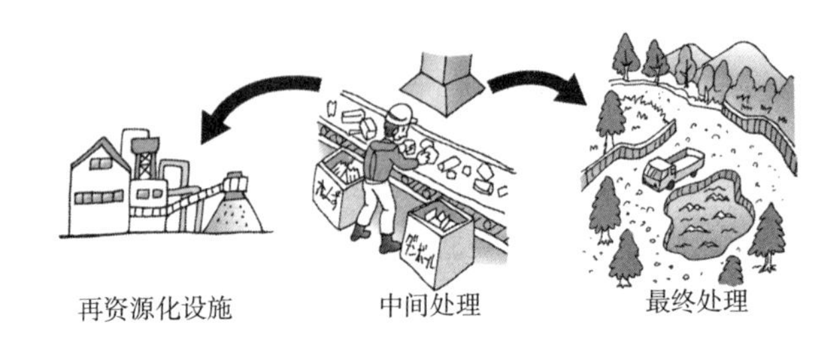

建筑工程废弃物的中间处理

（1）建筑工程废弃物的**中间处理**是指为了废弃物的**再利用**、**减少建筑垃圾**所进行的**分类**、**破碎**、**熔融固化**及**燃烧**等的处理。

（2）建筑工程废弃物原则上在现场**分类回收**后，送废物再利用企业进行处理。当建筑工程**混合废弃物**实在无法分类时，只能委托具有**物料分类设施**的**中间处理企业**进行处理。

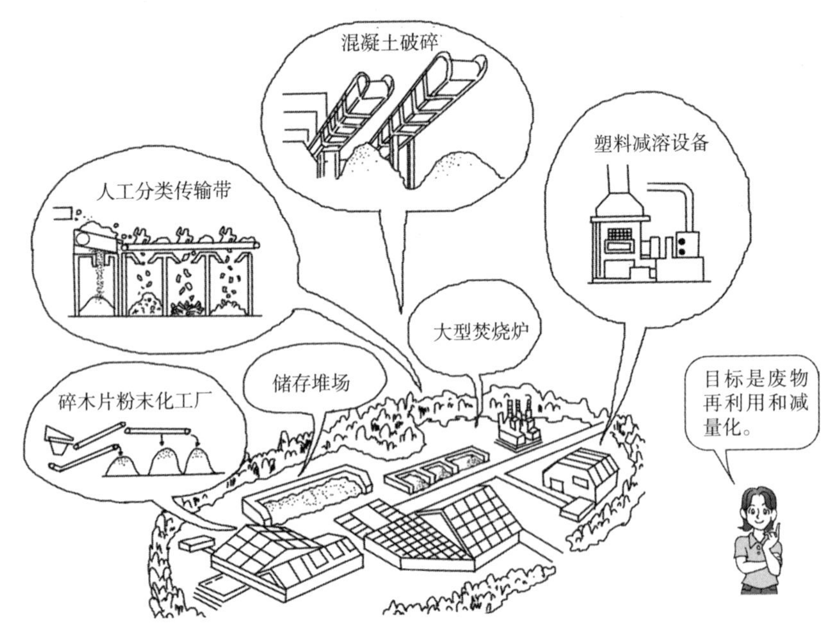

图 10.7　废弃物中间处理场示意

建筑工程废弃物的最终处理

（1）废弃物的**最终处理**是指最后的**掩埋处理**。

（2）**混合废弃物**，除稳定工业垃圾之外，应由**管理型最终处理场**进行**掩埋处理**。

废物处理场形式及可处理的废物 表 10.2

形式	说明图（示例）	可处理的废弃物
稳定型处理场	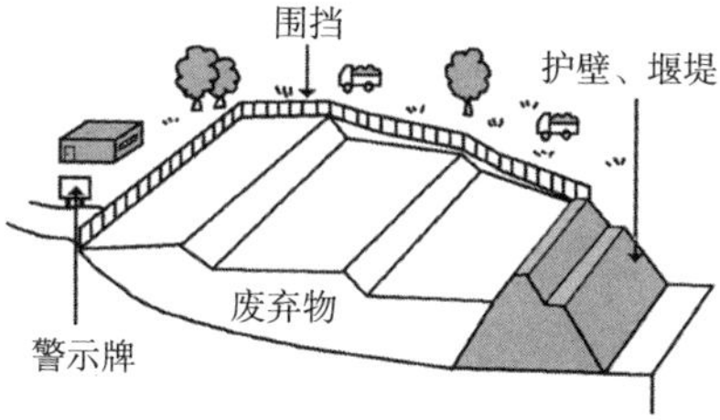	废塑料类、废橡胶、废金属、废玻璃及陶瓷器碎片，建筑工程废料等
管理型处理场	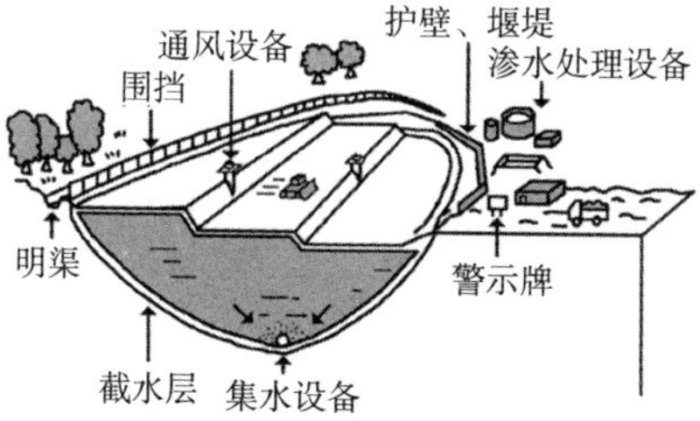	废油（限于硬煤沥青）、废纸屑、废木材、废纤维、动植物残渣、动物排泄物和尸体及各种无公害的燃烧后残留物，煤烟、污泥、矿渣等
隐蔽型处理场	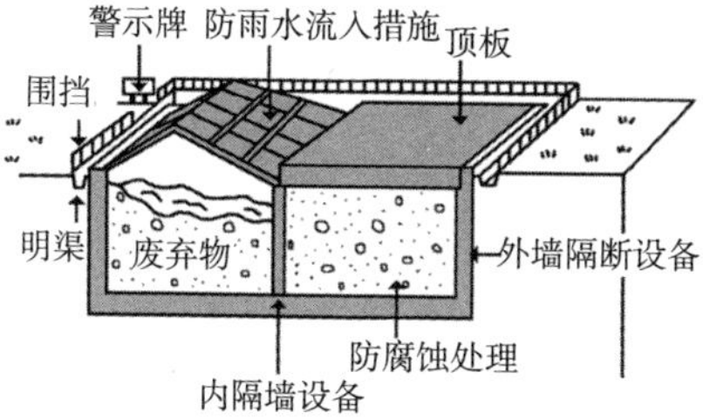	有害的燃烧后残留物，煤烟、污泥、矿渣等

5 指定副产品的再利用

建设工程循环 1

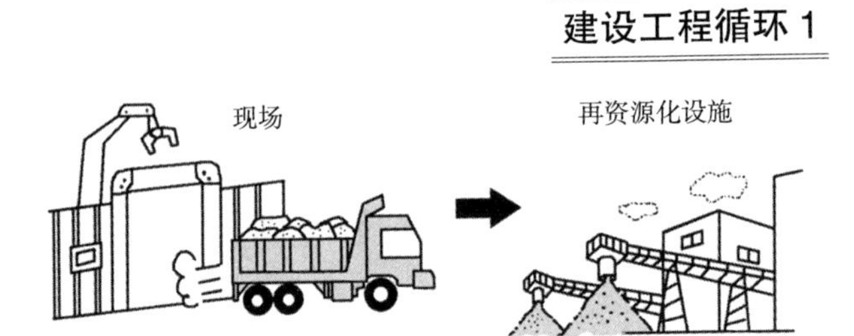

建设工程产生土的再利用

（1）应促进**砂土**在**宅基地平整场地**、**道路填土**以及**河道筑坝**等工程中的再利用。

（2）如**表 10.3** 所示，建设工程产生土可根据土的性质进行再利用。

建设工程产生土处理成再利用土的分类及使用用途　　　　表 10.3

分类	用途
1 类产生土（砂、砾石等）	构筑物等的回填材料，土木构筑物的肥槽等回填材料、道路填筑材料、宅基地平整场地用材料
2 类产生土（圆锥贯入指数 800kN/m² 以上的砂质土、砾石土等）	土木构筑物的肥槽等回填材料、道路填筑材料、河道筑堤材料、宅基地平整场地用材料
3 类产生土（圆锥贯入指数 400kN/m² 以上的一般可保证施工性能的黏性土等）	土木构筑物的肥槽等回填材料、道路填筑材料、河道筑堤材料、宅基地平整场地用材料，填海用材料
4 类产生土（圆锥贯入指数 200kN/m² 以上的可保证施工性能的黏性土等）	填海用材料 ※ 如对土质进行改善处理，可用于 3 类发生土的用途

注）“圆锥指数”是指轻便贯入试验中，压入圆锥，用千分表读取贯入抵抗 q_c 值。圆锥指数越高表示贯入抵抗越大，地基土越坚硬。

（3）土质改良设备，如图 10.8 所示。

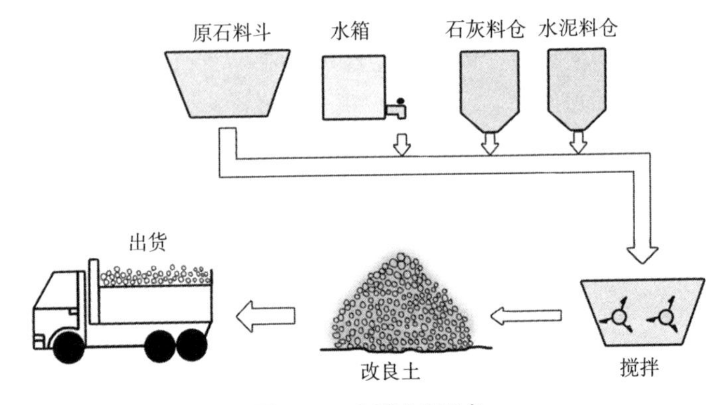

图 10.8　土质改良设备

污泥处理

根据《废弃物处理法》中对废弃物的分类，**污泥**属于工业废弃物。工程建设中的污泥很多都能再利用，利用时应注意在保护环境的前提下进行。

建设工程中的污泥，由下图所示的**流动化处理工法**处理后，可作为资源再次使用。处理后的污泥具有以下几个特点：①无论是砂性土还是黏性土，可作为各类砂土使用；②流动性高，不需要摊铺或压实处理；③针对不同的使用用途，可根据预先设定好的“流动性”或“强度”进行处理；④透水性低，可以抵抗地下水的侵蚀或地震时的液化现象。

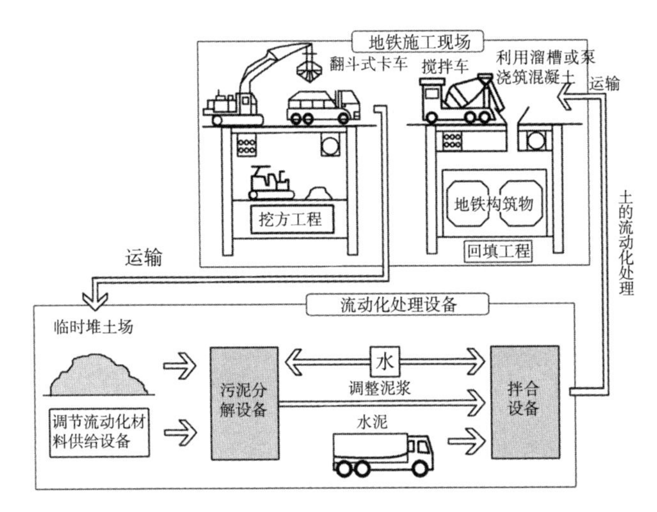

图 10.9 流动化处理工艺

建设工程木材的再利用

将**建设工程木材**粉碎后，可用于**造纸**或作为板材的原料使用。

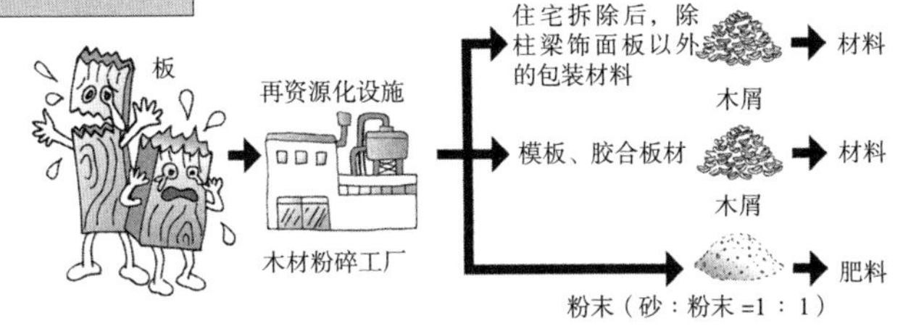

图 10.10 木材的再利用

6 建设工程循环

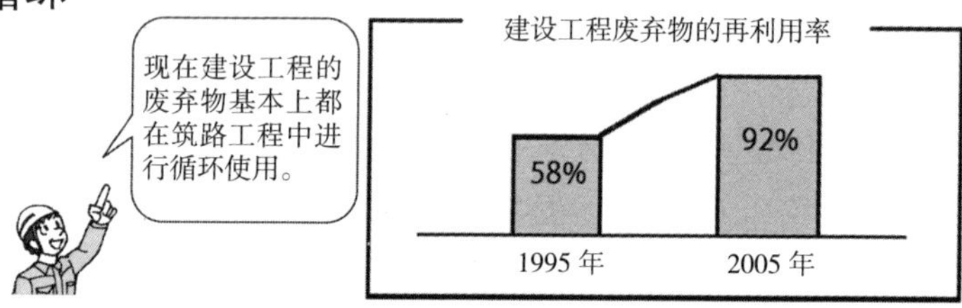

混凝土块的再利用

（1）将**混凝土块**破碎后，可用于再生骨料，还可以作为**路面基层材料**或**回填材料**使用。

（2）在建设工地将混凝土破碎后，可用于**表 10.4** 所示的各种用途。

利用混凝土块生产的再生骨料的分类及用途　　**表 10.4**

分类	用途
再生碎石	筑路及其他路面的底基层材料 土木构筑物的填料及基础材料、建筑物的基础材料
再生混凝土砂	构筑物的回填及基础材料
再生级配碎石	其他路面的上基层材料
再生水泥稳定土路面基层材料	筑路及其他路面的基层材料
再生石灰稳定土路面基层材料	筑路及其他路面的基层材料

注）1. 表中的“其他路面”是指停车场路面及建筑用地内的路面。
2. 在路面工程中应用时，应确认再生骨料的强度和耐久性。

（3）混凝土块的破碎设施及工艺流程，如**图 10.11** 所示。

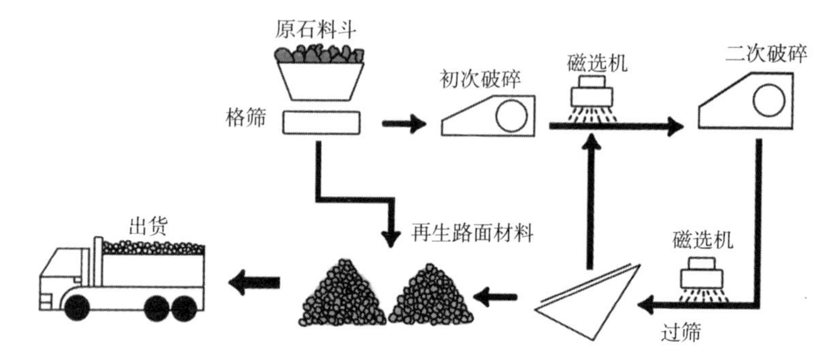

图 10.11　混凝土块的破碎设施及工艺流程

沥青混凝土块的再利用

将**沥青、混凝土块**分别破碎后，可用于**再生骨料**或**再生加热沥青混合料**等，今后还能作为**路面材料**使用。

利用沥青混凝土块生产再生骨料的分类及用途　表 10.5

分类	用途
再生碎石	筑路及其他路面的底基层材料 土木构筑物的衬砌材料及基础材料、建筑基础材料
再生级配碎石	其他路面的上基层材料
再生水泥稳定土路面基层材料	筑路及其他路面的基层材料
再生石灰稳定土路面基层材料	筑路及其他路面的基层材料

利用沥青混凝土块生产再生加热沥青混合料的分类及用途　表 10.6

分类	用途
再生加热沥青稳定混合料	筑路及其他路面的上基层材料
路面面层上层和面层下层用再生加热沥青	筑路及其他路面的面层上层材料和面层下层材料

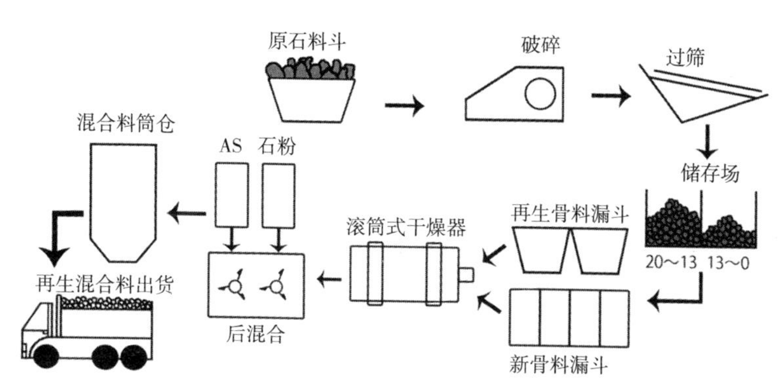

图 10.12　再生加热沥青混合料制造设备及工艺流程

相关法规

7 学习再生利用法的核心思想

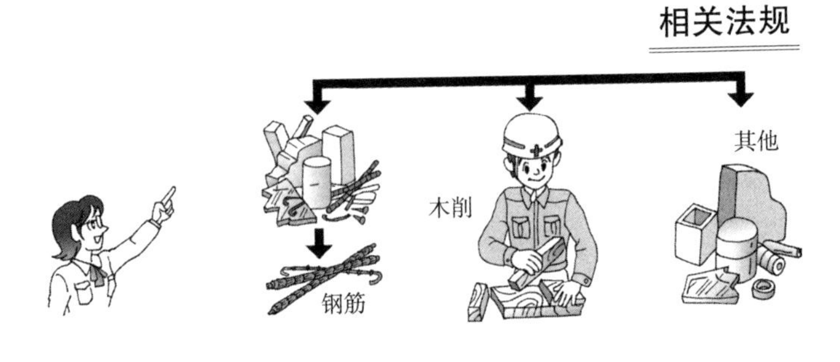

——与促进资源有效利用相关的法规——

《资源有效利用促进法》

①针对日本资源少，为实现保证再生资源的有效利用、减少废弃物、保护环境的目标而制定的法规。

②针对机动车、电脑等14类产品，通过规定必须进行节约资源化设计的义务，即规定在新产品中尽量利用能用的旧部件、不额外增加不必要的配件的方法，促进资源的有效利用。

③**再生资源**是指使用过或已废弃的物品中，作为原材料能再利用或有再利用可能的物品。

④**建设工程副产品**是指在建设施工中产生的副产品，可分为**建设工程副产品和建设工程废弃物**。

⑤**指定建设工程副产品**是指由法律法规规定的、在建设工程副产品中可作为再生资源应用的产品，有**土砂、混凝土块、沥青混凝土块、木材**等。

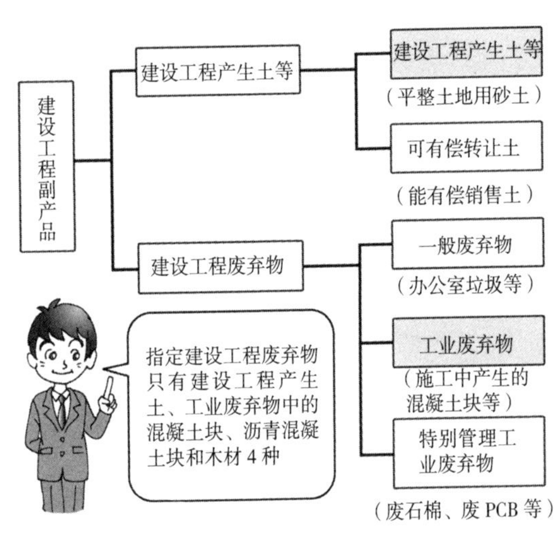

图10.13 建设工程副产品内容

⑥如表10.7所示，当施工中运入工地的建筑材料达到一定量时，**总承包商**需要制订再生资源利用计划，并在**施工完成后**将实施情况记录**保存1年**。

需要制订再生资源利用计划的工程 **表 10.7**

需要制订再生资源利用计划的工程	计划内容
运入工地的建筑材料达到以下任意一项的工程 1. 土砂……………………………1000m^3 以上 2. 碎石……………………………500t 以上 3. 加热沥青混合料……………200t 以上	1. 每类建筑材料的利用量 2. 利用量中，每类再生资源的利用量 3. 与其他再资源化利用相关的事项

（7）如**表 10.8** 所示，当施工中从施工现场运出的指定副产品达到一定量时，**总承包商**需要制订促进再生资源利用计划，并在**施工完成后**将实施情况记录**保存 1 年**。

需要制订再生资源利用促进计划的工程 **表 10.8**

需要制订再生资源利用促进计划的工程	计划内容
运出工地的指定副产品达到以下任意一项的工程 1. 建设工程产生土………………1000m^3 以上 2. 混凝土块、沥青混凝土块、工程施工产生的木材………………………………合计 200t 以上	1. 各类指定副产品的运出量 2. 各类指定副产品运往再资源化设施或其他建设工地的运出量 3. 其他与促进指定副产品再生资源利用相关的事项

《建设工程循环法》

——与建设工程资源再生利用相关的法律——

（1）通过对特定建设工程材料作为再生资源充分利用或作为原料使用，达到保护生活环境，为国民经济发展作贡献而制定的法规。

（2）**《建设工程循环法》**的基本方针如下：

①将建设工地运出的**建设工程产生土**作为建筑工程材料的再生资源利用。

②使建设工地产生的**指定建设副产品**能容易地在其他工地使用。

拆除对象规模 **表 10.9**

建筑物拆除	建筑面积 80m^2 以上
建筑物新建	建筑面积 500m^2 以上
建筑物的修缮、外装翻新	工程费 1 亿日元以上
其他工程（土木工程等）	工程费 500 万日元以上

（3）**特定建设工程材料**是指通过再生处理可作为再资源化利用的材料，主要有：

①**混凝土**，②**混凝土**及**钢材组成的建筑材料**，③**木材**，④**沥青混凝土**

（4）**再资源化**是指将建设工程废弃物作为资材或原材料使用，及作为燃料使用，或使产生回收热的状态。

（5）**分类解体**是指房屋拆除时按照**结构附属物→结构主体→基础**的顺序拆除，将拆除物按照材料进行分类的行为。

第10章　问题

问题1　以下哪项**不属于**废弃物处理及清理相关法规（《废弃物处理法》）中规定的稳定型工业废弃物？

（1）废金属

（2）废塑料

（3）废木料

（4）废橡胶

问题2　以下哪项**不属于**《资源有效利用促进法》(2000年6月改为《再生资源有效利用促进法》）中规定的建设工程指定副产品？

（1）土砂

（2）废塑料

（3）混凝土块

（4）木材

问题3　以下废弃物处理及清理相关法规（《废弃物处理法》）中的规定，哪项是**不正确**的？

（1）废弃物分为工业废弃物和家庭废弃物。

（2）工业废弃物管理清单（货单）是管理和记录工业废弃物处理情况的单据。

（3）工业废弃物管理清单（货单）复印件的保存时间是5年。

（4）建设工程中产生的混凝土碎块属于工业废弃物。

问题4　建设工程相关材料的再资源化利用等相关法规（《建设工程循环法》）中，下列哪项**不属于**特定建设工程材料？

（1）建设工程产生土

（2）由混凝土和钢组成的混合材料

（3）木材

（4）沥青混凝土

问题 5　下文叙述了制定建设工程相关材料再资源化利用等的相关法规（《建设工程循环法》）的目的和意义，以下填空中（a）和（b）的组合，哪项是**正确**的？

通过对特定建设工程材料采取（a）等和促进材料再生利用的措施，对拆除工程企业施行（b）等，确保再生资源的充分利用和废弃物的合理处置，最终达到改善生活环境、促进国民经济健康发展的目的。

（a）　　　　　　（b）

（1）环境保护 --------- 许可制度

（2）环境保护 --------- 登记制度

（3）分类拆除 --------- 许可制度

（4）分类拆除 --------- 登记制度

问题 6　以下对建设工程材料再资源化利用等相关法规（《建设工程循环法》）目的的叙述中，哪项是**正确**的？

（1）为了在施工现场对特定建设工程材料废弃物合理分类，解体拆除工作应按照相关规范有计划地进行。

（2）建筑物的新建工程、分类拆除工程可以不进行再资源化利用。

（3）分类拆除产生的废弃物中，必须考虑再生资源利用的特定建设工程材料有混凝土、沥青混凝土、木材、污泥 4 类。

（4）进行拆除工程发包，当拆除建筑中有特定建设工程材料且达到一定规模以上时，发包企业应向有意直接承包的企业，书面提交分类拆除计划说明。

问题解答

—第 1 章—

问题 1 答案（2）

花岗岩的弹性模量：$E=（0.59 \sim 5.9）\times 10^4（N/mm^2）$

问题 2 答案（4）

钢管桩用“SSK”表示，这里 490 表示抗拉强度（N/mm^2），M 表示钢材的形状，钢材符号“SHK490M”表示 H 型钢桩。

问题 3 答案（4）

强度等级越高的钢材，最大应力时的应变越小。

问题 4 答案（3）

钢材的“应力 – 应变曲线”中：

（A）点为比例极限，表示应力与应变成比例关系的最大值。

（B）点为弹性极限，表示弹性范围的极限值，是卸载后应变能恢复原状的极限点。

（C）点为上屈服点，是应变在应力未增加的情况下开始快速增加的开始点。

（D）点为抗拉强度，表示应力的最大值。

—第 2 章—

问题 1 答案（2）

回填土材料应易于进行摊铺压实施工，具有压实后强度高、压缩性小、吸水后膨润性小的性质。

问题 2 答案（3）

天然密实方量相同时，中硬岩的土方变化率高于砂质土，所以中硬岩的开挖方量大于砂质土（参照 p.19，表 2.3）。

问题 3 答案（2）

$$松土系数\ L=\frac{开挖土方（m^3）}{天然密实土方（m^3）}$$

开挖方量 = 松土系数 $L\times$ 天然密实土方（m^3）=$1.25\times500=625m^3$

问题 4 答案（3）

$$压实系数\ C=\frac{压实土方（m^3）}{天然密实土方（m^3）}$$

$$天然密实土方=\frac{压实土方（m^3）}{压实系数\ C}=\frac{1800}{0.90}=2000m^3$$

开挖方量 = 松土系数 $L\times$ 天然密实土方（m^3）=$1.20\times2000=2400m^3$

问题 5 答案（4）

拉铲式挖掘机是利用惯性力将钢丝绳下挂的铲斗甩出后回拉的挖掘工具，不适用于坚硬土层的开挖作业。用于挖掘面低于停机面的施工，可在挖掘河道、挖泥和挖沙作业中采用。

问题 6 答案（4）

工程施工机械行走路线通过性差时，采取以下措施进行改善。

①排水工法：通过表面排水降低地下水位。

②工程机械：采用湿地推土机改善通过性能。

这里通过性能是指工程机械在软弱土上的行走性能（参照 p.23）。

问题 7 答案（4）

土的压实质量判别标准的规定有①干密度规定，②土的孔隙率或饱和度规定，③强度特性规定，一般采用干密度规定方法。该方法是用压实土的干密度和标准压实试验的最大干密度的比值作为压实度的判别方法。不用含水比作为判别标准。

问题 8 答案（1）

灵敏性黏性土是粒度很小的细粒土，用施工机械进行反复碾压会使其承载力快速下降。振动压实机适用于灵敏性黏性土之外的土的压实作业，特别适合用于砂质土。

问题 9 答案（2）

（1）钢轮压路机是一种压实机械，用于道路工程中沥青混合料或路面基层的压实作业，以及碎石或砾石道路等的初次碾压和最终碾压作业。

（3）振动压路机是边振动边碾压的压实设备，是通过激振器发生的

1~5 倍自重的激振力进行振动，通过对土粒子进行振动减少土粒子之间的变形抵抗，使粒子自身更容易移动。

（4）羊角碾压路机通过轮上的凸起增加局部质量，适用于破碎土块以及黏性土的压实作业。

压实机械与土质的关系参照 p.29，表 2.9。

问题 10 答案（1）

铺砌块方法用于坡度为 1∶1 的具有稳定性的缓坡坡面，主要作用是防止坡表面的风化、侵蚀和表面水的渗透，不能用于抑制涌水引起的土砂流出。

问题 11 答案（3）

人工草坪带是为防止填方坡面受侵蚀危害而进行的局部植被护坡方法，不能抑制涌水引起的土砂流失。石笼施工法等可抑制涌水引起的土砂流失。

问题 12 答案（3）

（1）喷水泥砂浆工法是对发生风化的土砂和岩石坡面进行护坡的方法，其目的不是为了抵抗土压力。

（2）铺草坪工法是为防止填方坡面受侵蚀危害，在坡面上铺野生草坪的护坡方法，其目的不是为了抵抗土块滑移。

（4）喷锚支护工法是当岩体坡面出现裂隙有塌落或塌方危险时，用锚杆将松动的岩石与坚固的岩基直接固定在一起防止塌方的护坡方法，其目的不是为了防止对不良土和硬质土坡面的侵蚀。

—第 3 章—

问题 1 答案（1）

为了减轻液压式挖掘机的质量，近些年在配重重心及布置上进行了很多改进，减小后端伸臂形式的设备在不断增加。

问题 2 答案（3）

机械名称	性能指标
轮胎压路机	质量（t）
沥青铺路机	施工宽度（m）
推土机	质量（t）
反铲推土机	铲斗容量（m^3）

问题 3　答案（4）

履带式土方施工机械行走速度越快振动越大，因此应低速行驶。

—第 4 章—

问题 1　答案（4）

独立基础施工时，当基础底面的抗剪能力不足时，为增加其抗剪力，应在基础底面设置凸起件作为抗剪件。当设置抗剪凸起件时，应有足够长度贯入地基的碎石或毛石中。

问题 2　答案（1）

（2）堆土法适用于软弱层厚、承载力不足的情况，施工时需要更大的场地和更多的砂土。

（3）堆载预压法是在地面上预堆与将建构筑物同重或以上的荷载，使地基加速压密下沉并提高地基承载力，然后卸除荷载修建构筑物的施工方法。

（4）挤密砂桩法是通过捶击或振动将空管打入地下后，在拔出套管的同时形成砂柱的施工方法。该工法在对软弱地基进行加固的同时，利用砂桩的支承力可增加土层的稳定性，减少沉降量（参照 p.56，表 4.3）。

问题 3　答案（4）

（1）地下连续墙工法是利用稳定液挖掘壁式槽沟，然后在沟槽中装入钢筋笼，最后浇筑混凝土的施工方法。该工法的特点是止水性好，施工时噪声和振动小。

（2）立柱加横挡板工法是将 H 型钢桩按 1~2m 间距打入地下，在型钢之间无缝隙插入挡土板的施工方法。该工法的特点是施工容易，但无止水性。

（3）钢管板桩工法是用连接锁扣将钢管和钢管连接好后沉入地下的施工方法。该工法刚度大，适用于地基存在变形问题的场合。

问题 4　答案（1）

深层搅拌处理工法是将石灰、水泥系的土质改良稳定剂制成粉状或泥浆状与软弱地基土原位搅拌，在地基中形成稳定处理土圆柱体的加固方法。该工法常作为处理地基下沉和增加土体稳定的措施使用。

问题 5　答案（2）

预制桩工法是用柴油锤等直接将预制桩打入地下的施工方法，施工时的振动和噪声比中空挖掘法大。

问题 6 答案（3）

中空挖掘法及预钻孔工法是在桩位上挖孔或钻孔后，将桩沉入的施工方法。该工法与打入和振动工法比较，成桩的承载力低。

问题 7 答案（1）

套管护壁工法（贝诺托工法）是通过机械振动将钢套管压入土中，利用锤式抓斗等挖出管内的土砂至指定深度的成孔方法。挖土是利用锤式抓斗，不是凿岩机。

问题 8 答案（1）

桩帽和缓冲垫是预制桩打入时使用的部件。桩帽应与锤中心和桩轴一致，与缓冲垫共同起着保护桩头和将落锤的锤击力均匀传递至桩上的作用，还可以防止桩身受损、降低噪声。

问题 9 答案（4）

开口式沉井与气压式沉箱比较，易发生因地下水位低或隆起现象引起的涌砂等造成周围地基土松动的事故。

隆起现象是指软弱黏土地基中，由于以挡土支护为边界的两侧地基上的压力不均衡，在开挖面的地基上出现土鼓起的现象（参照 p.59）。

问题 10 答案（2）

天然地基基础一般在良好持力层位于地表下 5m 以内的较浅位置时采用。当墩台基础持力层为砂质土层时，良好持力层一般是指 N 值大于 30 的土层（参照 p.199，附录图 2）。

问题 11 答案（2）

清槽底泥沙分为沟槽挖完待沉降后进行的初次处理和钢筋笼沉放之前的二次处理。二次处理最好采用含砂率指标进行管理。最近很多施工不进行二次处理，直接用品质好的液体对泥沙进行置换。

—第 5 章—

问题 1 答案（3）

使用粉煤灰水泥的混凝土具有和易性增加、水化热低、水密性和化学抵抗大的特点。

问题 2 答案（2）

（1）混凝土配合比设计中使用的骨料密度是指饱和面干状态时的密度，该值是衡量骨料硬度、强度、耐久性的标准。

（3）粗骨料的形状中，接近圆形比扁平形和细长形更好。

（4）骨料中的细骨料是指质量检查时 100% 通过 10mm 筛、85% 通过 5mm 筛的骨料颗粒，粗骨料是指质量检查中 85% 未通过 5mm 筛的骨料颗粒。

问题 3 答案（3）

使用 AE 剂的混凝土和易性增加，更容易施工。另外，由此在混凝土中形成的相互独立的气泡可以吸收混凝土中所含凝结水引起的膨胀应力，抵抗冻融性能明显增加。

问题 4 答案（4）

混凝土拌合时，水灰比与要求混凝土强度、耐久性、水密性有关，应取各性能需要水灰比中的最小值。

问题 5 答案（1）

（2）细骨料比 s/a，用细骨料容积 s 占所有骨料容积 a 的百分比表示。

（3）抗压强度的离散率增加，即变动越大，强度的放大系数越大。

（4）拌好的混凝土容积中计入使用量较多的添加剂容积，不考虑作为药剂使用的添加剂容积。

问题 6 答案（3）

固定模板的螺栓、钢筋头等残留在混凝土表面时，工程完成后会造成渗水，或因生锈在混凝土表面形成污点，并会成为混凝土裂缝的原因，因此应通过开孔等方法，除去距混凝土表面 2.5cm 以内的残余螺栓头、钢筋等。

问题 7 答案（1）

（2）浇筑混凝土时发现材料明显离析时，很难通过重新搅拌得到同质的混凝土，因此应停止使用，还应该调查材料离析的原因，采取预防措施。

（3）当模板高时，溜槽、泵导管、吊桶、料斗等出料口与混凝土浇筑面的高度控制在 1.5m 以内（参照 p.78，图 5.1）。

（4）振捣器在混凝土中横向移动是产生离析的原因，因此严禁振捣器在混凝土中横向移动。

问题 8 答案（3）

（1）现浇混凝土捣固中使用的振动捣固机原则上采用插入式振动器（振

捣棒）。

（2）浇筑混凝土前，可事先对混凝土模板的内表面进行湿润处理。

（4）浇筑混凝土时发现材料明显离析时，很难通过重新搅拌得到同质的混凝土，因此应该停止使用。

问题 9 答案（1）

（2）使用普通硅酸盐水泥的混凝土与使用混合水泥 B 类的混凝土比较，湿润养护龄期可以缩短（参照 p.83，表 5.5）。

（3）浇筑后的混凝土过早在阳光下暴晒，将造成水泥不能充分进行水化热反应，是混凝土产生龟裂和裂缝的原因，因此应尽量避免。

（4）外界气温过高时，虽然混凝土的初期强度增加快，但长龄期强度的增加会比一般情况低。

问题 10 答案（1）

在施工缝处继续浇筑混凝土时，在浇筑混凝土前应将模板绑扎牢靠，并使旧混凝土吸收足够水分保持湿润状态。为提高新旧混凝土的黏结力，浇筑前应先在旧混凝土上刷一层与使用混凝土同品质的砂浆，此时砂浆的水灰比应低于使用混凝土的水灰比。

问题 11 答案（2）

购买预拌混凝土时，以下事项可由购买者和生产者协商确定。

①水泥种类，②骨料种类，③粗骨料的最大尺寸，④碱 - 骨料反应抑制措施和方法，⑤骨料的碱 - 骨料反应性的分类，⑥水分类，⑦添加剂的种类和使用量，⑧水灰比的上限值，⑨单位用水量的上限值等。

—第 6 章—

问题 1 答案（3）

挖方路床为黏性土或高含水量土时，为防止超碾压，与品质好的土比较应减少碾压次数。

问题 2 答案（4）

（1）沥青底漆具有阻断基层地表水蒸发的作用。

（2）施工完沥青底漆需要开放交通时，为防止沥青材料黏在车轮上，应铺洒少量的沙子。

（3）在路面基层上施工沥青混合料时，洒布沥青底漆是为了增加路面基层和沥青混合料之间的适配性。增加面层下层和面层上层的黏结力采用的是黏层。

问题 3 答案（4）

（1）洒布黏层时，应先确认基层表面干燥并除去表面的浮石、垃圾，及其他有害物质。

（2）洒布黏层过程中，遇到天气下雨时，应立即停止施工。

（3）对黏层用沥青材料，应检查生产厂家的质量保证书以确认是否合格，生产后超过 60 天的产品不能使用。

问题 4 答案（1）

石灰稳定土基层的压实应在比最佳水灰比略微湿润的状况下施工。

问题 5 答案（1）

路床是指支承路面的、平均厚度约 1m 的天然土层，路床的强度决定了路面的设计厚度。填方路床分层摊铺施工时，每层摊铺压实厚度一般为 20cm 以下。

问题 6 答案（2）

路面底基层的石灰稳定土工法与水泥稳定土工法比较，达到强度较慢，有更好的耐久性和稳定性。

问题 7 答案（4）

（1）采用水泥稳定土时，应先将混合好的骨料和稳定材料均匀摊铺，然后进行压实施工。一层的压实厚度以 10~20cm 为标准，应在稳定剂硬化前完成碾压作业。

（2）基层采用级配材料进行压实施工时，必须保证材料不产生分离，均匀摊铺。材料摊铺作业一般采用自动平地机，压实作业采用钢轮压路机及轮胎压路机，在条件允许时，有时也采用振动压路机。

（3）沥青稳定土基层采用的是将沥青稳定土均匀摊铺后压实的方法，可分为每层摊铺压实厚度 10cm 以下的常规施工方法和超过其厚度的厚层施工方法。

问题 8 答案（3）

局部补丁法是指用路面材料对局部裂缝、凹坑、路面高差等进行应急处理的方法。

问题 9 答案（3）

（1）沥青路面施工应在完成摊铺后，立即按照接缝碾压、初次碾压、二次碾压和最终碾压的顺序进行压实施工。

（2）建议初次碾压的沥青温度为 110 ~ 140℃，二次碾压完成时的温度在 70 ~ 90℃。另外，二次碾压时，用 8 ~ 20t 的轮式压路机，以 6~10km/h 的速度进行碾压。

（4）最终碾压一般采用多轮压路机振动压路机。

问题 10 答案（3）

下层混凝土摊铺完成后，在混凝土板的上缘起板厚的 1/3 位置处设置混凝土钢筋网及边缘加强钢筋。

问题 11 答案（4）

混凝土路面下的路床为软弱土时，在往复荷载作用下，路床土会与地下水一起渗入路面基层使其软化。为防止这一现象发生，应在路面基层下铺设厚度 15~30cm 的碎石等垫层。

—第 7 章—

问题 1 答案（1）

表示侧壁导坑先行施工方法的图是（1）（参照 p.116，图 7.2）。

问题 2 答案（2）

全断面施工法是对隧道全截面一次性开挖的施工方法，在较小断面的隧道或坚硬且土质较好的天然土层中经常采用。

问题 3 答案（1）

隧道的衬砌通常采用拱的形式，一般采用现浇无筋混凝土。但当受大偏压荷载作用时，有时也会采用钢筋混凝土等可增加衬砌承载力的工法。

问题 4 答案（2）

（1）隧道挖掘按照天然土层条件从差到好的顺序，分别采用导坑先行工法、阶梯式工法、全断面工法。

（3）隧道支护中的板桩工法一般称为传统工法，只在隧道施工中会出现大量涌水等特殊情况下采用。目前 NATM 工法是山岳隧道施工中的常用工法。

（4）隧道施工中，机械挖掘工法比钻爆工法产生的噪声和振动小，因此从考虑环境因素出发，多用于无法采用钻爆工法的施工中。

问题 5 答案（2）

喷射混凝土施工时，为了尽量减少溅落损失，施工时喷嘴与喷射面应垂直。

问题 6　答案（2）

NATM 工法中，钢支护一般用于天然地基条件差的情况。因此其施工顺序为①初次喷射混凝土，②钢结构支护，③二次喷射混凝土，④锚杆

问题 7　答案（1）

NATM 工法中的支护部件主要有喷射混凝土、锚杆、钢支撑等，一般不用板桩。

问题 8　答案（3）

盾构机工法施工时，在盾构机的推进过程中，为了减少对管片造成损伤，应尽量增加千斤顶，减少单个千斤顶的推力。

问题 9　答案（1）

盾构机根据“天然地基”的条件启动千斤顶。这里盾构机的“启动”对象是“盾构机千斤顶”，而不是“管片”。

问题 10　答案（1）

（a）土压，（b）排土，（c）黏性土

—第 8 章—

问题 1　答案（4）

（1）修筑堤坝计划中，土方量变化系数 C 一般小于 1.0。

（2）堆土施工中，为防止雨水集中下排，在施工面上应沿堤坝横向设置 3% ~ 5% 的坡度。

（3）堤坝土分层压实施工时，每层的压实厚度不大于 30cm。

问题 2　答案（2）

在软弱地基上进行堆土施工时，为保证地基的稳定性，应采用放慢速度施工的缓速加载工法，以保证地基的稳定性。在软弱地基上快速堆土是产生滑坡和不均匀沉降的主要原因。

问题 3　答案（4）

混凝土框格法施工是在间距 1~2m 的混凝土框格中浇筑混凝土，通过框与之间混凝土的凹凸增加护岸粗糙度的方法。当斜坡过陡，坡度大于 1.5 时，采用现浇混凝土方法施工比较困难。

问题 4　答案（3）

（1）防砂堰堤上设置的排水孔主要用于施工时对水流拦蓄的切换，以及堆砂后渗透水的泄水，是为减轻水压采取的措施。一般情况下堰堤主体修建完成之后，排水孔仍可以有效利用。

（2）为防止洪水漫堤时流向两岸，防砂堰堤的两翼原则上应面向两岸向上放坡。

（4）防砂堰堤堤体下游的放坡坡度标准为 1 ∶ 0.2。

问题 5 答案（3）

滑坡治理中的支档方法是利用桩等强行阻止滑坡的施工方法。

问题 6 答案（3）

防砂堰堤的施工顺序为①主堰堤基础，②副堰堤，③侧壁护岸，④护床，⑤主堰堤堤身。

问题 7 答案（3）

用于修筑堤坝的混凝土配料中，应使用水化热小的粉煤灰水泥等。混凝土坝中采用的混凝土应具有以下基本性质：①水密性高，②发热量少，③单位体积质量大，④容积变化小等。

问题 8 答案（4）

堤坝采用 RCD 工法施工时，为使混凝土均匀压实，混凝土的摊铺作业应采用分层法，一般每层的摊铺厚度为 75cm。

问题 9 答案（4）

（a）基础，（b）迎水坡护岸，（c）护基

—第 9 章—

问题 1 答案（1）

（2）《大气污染防治法》中，对可能产生大气污染的工厂、企业生产活动、拆除建筑物等产生的粉尘、排出的煤烟、机动车尾气等，制定了限制值标准。

（3）《水质污染防治法》中，对可能产生水质污染的工厂及企业活动中排往公共水域及渗透到地下水的水质，制定了限制值标准。

（4）《振动限制法》中，对各都道府县政府指定区域内的振动，制定了限制标准。

问题 2 答案（2）

产品质量的规定是在 ISO9000 族标准中。

问题 3 答案（3）

劳动环境问题与建筑施工环境保护计划中所考虑的问题是不同的。

问题 4 答案（2）

降低高频打桩机的频率可以减小噪声，但由于地基振动的振幅不容易衰减，振动变大。

—第 10 章—

问题 1 答案（3）

非特殊管理的工业废弃物在进行掩埋处理时，有害废弃物在隐蔽型掩埋场处理，对公共水域或地下水有污染的废弃物在管理型处理场处理，无害废弃物（稳定型工业废弃物）在稳定型处理场处理。稳定型废弃物的处理可利用地下空间，其品种如下：

①废塑料类 ②橡胶废料 ③金属废料

④玻璃及陶瓷碎片 ⑤建筑垃圾

问题 2 答案（2）

《建设工程循环法施行令》第 7 条规定，建设工程领域指定副产品有以下 4 种：

①土砂 ②混凝土块 ③沥青混凝土块 ④木材

问题 3 答案（1）

《废弃物处理法》第 2 条将废弃物分为一般废弃物和工业废弃物。

问题 4 答案（1）

《建设工程循环法施行令》第 1 条规定，以下材料属于特定建设工程材料：

①混凝土 ②由混凝土和钢材组成的混合材料

③木材 ④沥青混凝土

问题 5 答案（4）

《建设工程循环法》第 1 条规定："通过对特定建设工程材料采取分类拆除等以及促进材料再生利用的措施，并且对拆除工程企业施行登记制度等,确保再生资源的充分利用和废弃物的合理处置,最终达到改善生活环境、促进国民经济健康发展的目的。" 因此答案为（a）分类拆除和（b）登记制度。

问题 6 答案（1）

（2）当被拆除建筑中有特定建设工程材料，或施工中新建工程使用了特定建设工程材料时，承包单位或自行施工者，除有正当理由之外，必须进行分类拆除。

（3）《建设工程循环法施行令》第1条规定，以下材料属于特定建设工程材料：

①混凝土 ②由混凝土和钢材组成的混合材料

③木材 ④沥青混凝土

（4）有意向直接从发包单位承接建设项目的建设企业，应针对准备承包的项目，对《建设工程循环法》第10条第1项的第一号到第五号所记载的事项进行书面说明，并提交给发包单位。

附　录

1. 标准贯入试验

（1）**标准贯入试验**的试验方法执行 JIS A 1219 的规定。

（2）该试验用于调查地基承载力，是动力触探方法中的一种，与土的钻孔取样同时进行。

（3）是为了在施工现场直接了解土的压实情况、得到贯入器**贯入土层 30cm** 需要的**锤击数（*N* 值）**而进行的试验。

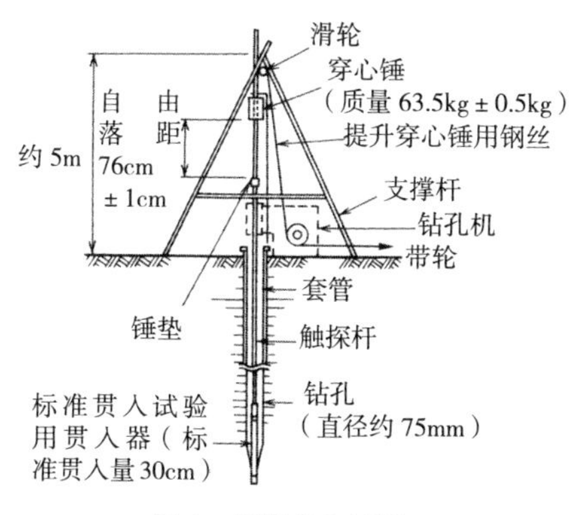

图 1　标准贯入试验 1

<标准贯入试验方法>

（1）将外径 51mm、长 81mm 的中空贯入器（又称管靴）安装在钻孔用触探杆的底端。

（2）用**质量 63.5kg** 的**穿心锤**，以 **76 ± 1cm 的自由落距**锤击安装在触

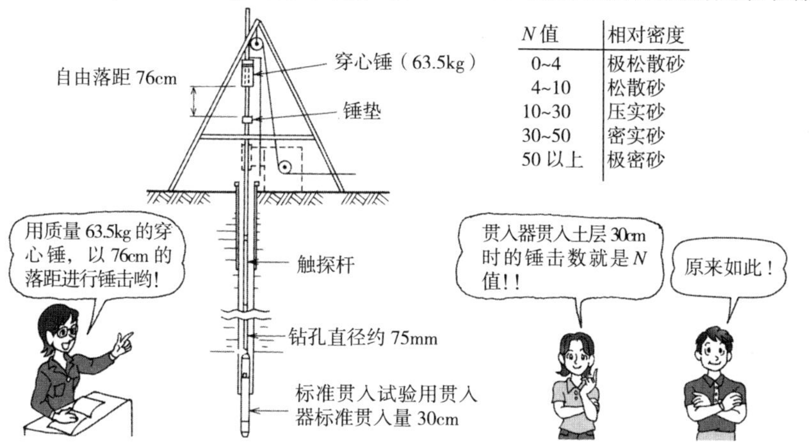

N 值	相对密度
0~4	极松散砂
4~10	松散砂
10~30	压实砂
30~50	密实砂
50 以上	极密砂

图 2　标准贯入试验 2

探杆上端的锤垫。

（3）记录贯入器贯入土层 30cm 时需要的**锤击数（*N* 值）**。

（4）一般以 1.0~1.5m 为间隔进行贯入试验，将进入贯入器中的土作为了解土的性质和种类的试样使用。

2. 混凝土的坍落度试验

（1）**坍落度试验**的试验方法执行 JIS A1101 的规定。

（2）该试验的目的是测量**新拌混凝土**的稠度，作为判断混凝土**和易性**好坏的方法得到广泛应用。

（3）**稠度**是反映由水量多少决定的变形性和流动性的指标。

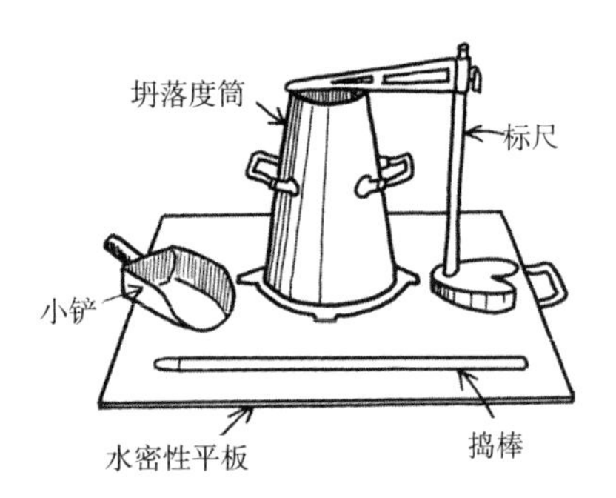

图 3　坍落度试验器具

（4）**和易性**是反映由稠度决定的混凝土在运输、浇筑、硬化和抹平作业中施工的难易程度。

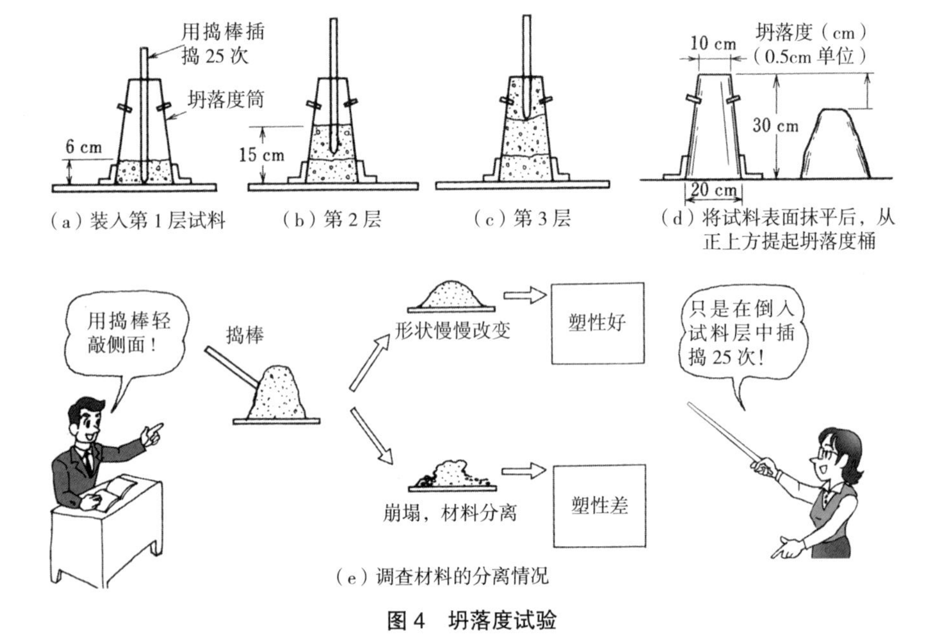

图 4　坍落度试验

（5）坍落度试验

① 将坍落度桶放在具有水密性的平板上，将试料分成基本相等的三份分 3 层装入筒中，每装入一层用捣棒插捣 25 下。

② 刮去桶上多余的混凝土，将试料表面抹平。

③ 直直地提起**坍落度桶**后，测量试料的下沉量，误差不超过 0.5cm。该下沉量就是**坍落度，用 cm 表示**。

3. CBR 试　验

CBR 试验有**现场 CBR 试验**和**室内 CBR 试验**。

（1）**CBR 试验**是承载力比试验，CBR 值用下式表示。

$$CBR=\frac{贯入杆压入土基2.5mm时所施加的荷载（N/mm^2）}{标准荷载强度（6.9N/mm^2）}\times 100（\%）$$

① 修正 CBR= 相当于最大干密度 95% 压实时的值

（黏性土无法达到最大干密度 100%）

修正 CBR10=0.69~0.98（N/mm^2）

修正 CBR 20 ～ 80=1.18~2.94（N/mm^2）

② 设计 $CBR=修正CBR的平均值-\frac{修正CBR测定值的范围}{C}$

求代表值时的系数 C　　　**表 1**

测定值	2	3	4	5	6	7	8	9	10 以上
C	1.41	1.91	2.24	2.48	2.67	2.84	2.96	3.08	3.18

（2）**塑性指数**（I_p）**:** 通过 4mm 筛的塑性指数

塑性指数（I_p）= 液限（W_L）—塑限（W_p）

（3）**单轴抗压强度：**弹性体受竖向压力时的强度（N/mm^2）

（4）**稳定性试验：**塑性体受竖向压力时的强度（N/mm^2）

4. 平板载荷试验

为了便于携带，最近直径改为 30cm。

（1）将直径 75mm、厚 22mm 的圆钢板安放在被测对象上，按照每次 0.03N/mm^2（实际荷载为 15150N）逐级加载，并记录每级加载后的沉降量。

（2）绘制荷载－沉降曲线，承载力系数按下式计算。

$$\text{承载力系数 } K\,(\text{N/mm}^3) = \frac{\text{荷载强度}\,(\text{N/mm}^2)}{\text{载荷板下沉量}\,(\text{mm})}$$

（3）K 值一般采用实际使用的直径 30mm 的圆钢板测得的数值，称为 K_{30}，用于路面工程的路床设计。

$$K_{30} = \frac{\text{直径 30cm 的圆盘下沉 1.25mm 时的荷载强度}\,(\text{N/mm}^2)}{1.25\text{mm}}$$

$$\text{设计 } K \text{ 值} = \text{测得的 } K \text{ 值} \times \frac{\text{路床土水浸试件的 CBR}}{\text{路床上的 CBR}}$$

< 重点 >

（1）混凝土路面基层上的 K 值，K_{30} 应为 0.20N/mm^3 以上。

（2）实际中，通过作路面基层试样进行确认。

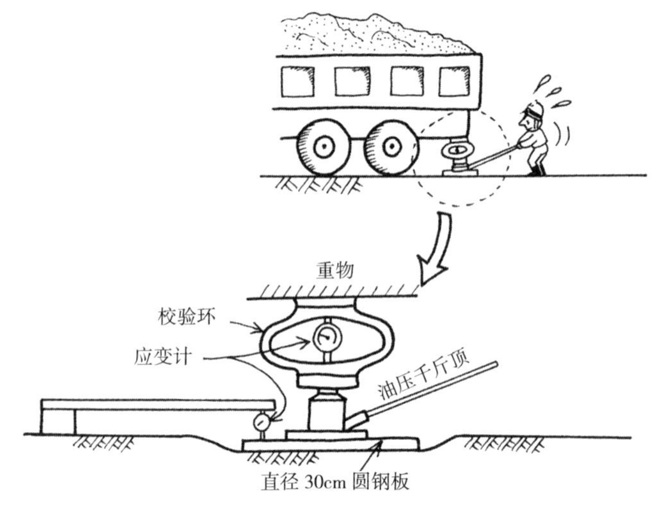

图 5　平板载荷试验

5. SI 单位

SI 单位　表 2

类别	量的名称	符号	单位名称	常用单位符号	备注
空间、时间、周期现象	平面角	α 等	弧度	rad、mrad、μ rad	1° ＝π/180（rad）
	长度	l 等	米	km，m，cm，mm	
	面积	A 等	平方米	km^2，m^2，cm^2，mm^2	
	体积	V 等	立方米	m^3，l（升），cm^3，mm^3	1（l）=10^{-3}（m^3），l 可与 SI 单位通用
	时间	t	秒	s，ms，d，h，min	
	角速度	ω	弧度每秒	rad/s	
	速度	u 等	米每秒	m/s	
	加速度	a	米每二次方秒	m/s^2	标准自由落体加速度 g=9.80665（m/s^2）
	转速	n	转每秒	s^{-1}，min^{-1}	1（Hz）（赫兹）=1（s^{-1}）
力学	质量	m	千克	Mg，（t），kg，g，mg Mg/m^3，（t/m^3），	1（t）=10^3（kg）
	密度	ρ	千克每立方米	kg/m^3，g/cm^3	
	力、重量	F，P，W	牛顿	MN，kN，N，mN	1（N）=1（$kg\cdot m/s^2$） 1（kgf）=9.80665（N）
	力矩	M	牛顿米	MN·m，kN·m，N·m，mN·m	1（kgf·m）=9.80665（N·m）
	压力、应力	p，σ	帕斯卡 牛顿每平方米	Pa，kN/m^2，N/m^2，mN/m^2	1（Pa）=1（N/m^2） 1（kgf/m^2）=9.80665（N/m^2）
	单位体积的重量	γ	牛顿每立方米	kN/m^3，N/m^3	1（tf/m^3）=1（gf/cm^3）=9.80665（kN/m^3）
	截面二次矩	I	四次方米	m^4，cm^4	
	截面系数	Z，W	三次方米	m^3，cm^3	
	透水系数	k	米每秒	m/s，cm/s	
	黏度	μ	牛顿秒每平方米 帕斯卡秒	$N\cdot s/m^2$，$mN\cdot s/m^2$ Pa•s	1（P）=0.1（$N\cdot s/m^2$）
	运动黏度	ν	二次方米每秒	m^2/s，m^2/mm	1（St）=1（cm^2/s）
	表面张力	σ	牛顿每米	N/m，mN/m	1（gf/cm）=0.980665（N/m）
	能量、功	$A\cdot W$	焦耳	MJ，kJ，J，mJ	1（J）=1（N·m） 1（cal）=4.18605（J）
热	常用温度	t，θ	摄氏度	℃	
	热力学温度	T，H	开尔文	K	t（℃）=（t+273.15）（K）

力、重量单位换算表 表 3

类别	N	kgf	dyn
N	1	0.101972	1×10^{5}
kgf	9.80665	1	9.80665×10^{5}
dyn	1×10^{-5}	1.0197×10^{-5}	1

单位体积重量单位换算表 表 4

类别	kN/m^3	gf/cm^3
kN/m^3	1	0.101972
gf/cm^3	9.80665	1

单位面积力单位换算表 表 5

类别	kN/m^2	kgf/cm^2	bar	汞柱（mm）(0℃)	水柱（m）(15℃)
kN/m^2	1	0.0101972	0.01	7.50	0.1021
kgf/cm^2	98.0665	1	0.980665	735.5	10.01
bar*	100	1.0197	1	750	10.21
汞柱（mm）(0℃)	0.1333	0.0013596	0.001333	1	0.01361
水柱（m）(15℃)	9.798	0.0991	0.09798	73.49	1

* 1（bar）$=10^5$（N/m^2），1（Pa）=1（N/m^2）

希腊字母读音 表 6

大写	小写	读音	大写	小写	读音	大写	小写	读音
A	α	阿尔法	I	ι	约塔	P	ρ	肉
B	β	贝塔	K	$\varkappa$	卡帕	Σ	σ	西格马
Γ	γ	伽马	Λ	λ	兰布达	T	τ	套
Δ	δ	德尔塔	M	μ	缪	Υ	υ	宇普西龙
E	ε, ϵ	伊普西龙	N	ν	纽	Φ	φ, ϕ	佛爱
Z	ζ	截塔	Ξ	ξ	克西	X	χ	西
H	η	艾塔	O	o	奥密克戎	Ψ	ψ	普西
Θ	θ, ϑ	西塔	Π	π, ϖ	派	Ω	ω	欧米伽

参考文献

1）土木学会編：土木工学ハンドブック，技報堂出版
2）土木学会編：コンクリート標準示方書
3）日本道路協会：道路橋示方書・同解説
4）吉野次郎・吉野洋志共著：2 級土木施工管理技士受験 100 講，山海堂
5）白石俊多著：土木工事施工法，山海堂
6）土木建設技術全書，山海堂
7）河上房義：土質工学演習，森北出版
8）土木施工管理技術研究会：土木工学（土木一般編）
9）國澤正和編：これだけはマスター 2 級土木施工管理技術検定試験，弘文社
10）國澤正和編：一級土木施工管理技士，学芸出版社
11）図解テキスト 2 級土木施工管理技士（土木一般），市ケ谷出版社
12）土木施工，実教出版
13）土木計画，実教出版
14）土木出版企画委員会編：図説土木用語事典，実教出版
15）鹿島 CSR レポート 2008
16）大成建設 CSR 報告書 2008
17）大林組 CSR レポート 2008
18）清水建設 Web ページ
19）改訂版 Q&A 建設廃棄物処理とリサイクル，編集・発行 社団法人全国建設協会

資　料　提　供

(1) 日本鋪道株式会社
(2) 株式会社　浅沼組
(3) 株式会社　ピー・エス
(4) 香島建設株式会社

图片制作

本书的图片制作，得到了兵库县立兵库工业高等学校设计科各位同仁的大力协助。

图片制作者
兵库县立兵库工业高等学校
设计科 3 年级 尾田 莉菜
洼田 小百合
泽田 幸江
中根 麻视子
森本 madoka
指导 设计科教师 大贺 凉子

主编简历

粟津清藏

1944 年　日本大学工学部毕业

1958 年　工学博士

现在　　日本大学名誉教授

著者简历

浅野繁喜

1975 年　西日本工业大学工学部毕业

　　　　前大阪市立生野工业高等学校校长

现在　　北九州市立曾根市民中心馆长

村尾丰

1986 年　立命馆大学理工学部毕业

现在　　大阪市立都岛第二工业高等学校教师

藤冈宏一郎

1983 年　长冈技术科学大学大学院工学研究科硕士研究生结业

现在　　兵库县立兵库工业高等学校高级教师

山本龙哉

1997 年　大阪市立大学大学院工学研究科前期博士课程结业

现在　　大阪府立西野田工科高等学校教师

著作权合同登记图字：01-2014-1665号

图书在版编目（CIP）数据

土木施工 原著第二版/（日）粟津清藏主编；季小莲译.
北京：中国建筑工业出版社，2016.6
国外高校土木工程专业图解教材系列（适合土木工程专业本科、高职学生使用）
ISBN 978-7-112-19317-2

Ⅰ.①土… Ⅱ.①粟…②季… Ⅲ.①土木工程-教材 Ⅳ.①TU

中国版本图书馆CIP数据核字（2016）第066743号

Original Japanese edition
Etoki Doboku Sekou (Kaitei 2 Han)
Supervised by Seizou Awazu
By Shigeki Asano, Yutaka Murao, Koichiro Fujioka, Tatsuya Yamamoto

Published by Ohmsha, Ltd.
This Simplified Chinese Language edition published by China Architecture & Building Press

责任编辑：白玉美 姚丹宁
责任校对：陈晶晶 关 健

国外高校土木工程专业图解教材系列
土木施工
原著第二版
（适合土木工程专业本科、高职学生使用）
[日] **粟津清藏 主编**
浅野繁喜 村尾丰 藤冈宏一郎 山本龙哉 合著
季小莲 译
*
中国建筑工业出版社出版、发行（北京西郊百万庄）
各地新华书店、建筑书店经销
北京嘉泰利德公司制版
北京中科印刷有限公司印刷
*
开本：880×1230 毫米 1/32 印张：$6\frac{3}{4}$ 字数：214 千字
2016 年 10 月第一版 2016 年 10 月第一次印刷
定价：28.00元
ISBN 978-7-112-19317-2
（28542）